건강기능식품 (기능성 바이오식품)
산업분석보고서 2024개정판

저자 비피기술거래 비피제이기술거래

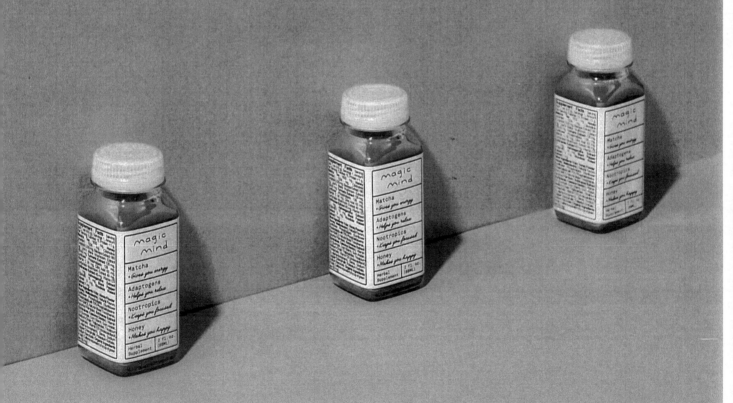

㈜ 비티타임즈

<목 차>

01

서론

1. 서론

바야흐로 100세 시대이다. 수천 년 전 로마인의 평균 수명은 25세였으나, 현재 한국인의 평균 수명은 84.3세로 로마인들보다 4배 가까이 긴 수명을 갖고 있다. 여기에 빠르게 도약해가는 첨단 생명공학기술과 의학의 발달, 소득증대와 삶의 질을 추구하는 가치관이 형성됨에 따라 웰빙 트렌드가 자리 잡는 등 앞으로는 80, 90세를 넘어 100세 시대가 현실화될 것으로 예상되고 있다.

이렇게 기대수명이 증가함에 따라 사람들은 단순히 나이의 증가가 아닌 건강하고 행복한, 말 그대로 '삶의 질'이 보장된 노후생활을 보내는 것이 중요하다는 사실을 깨닫게 되었다. 이렇게 건강을 중시하는 트렌드에 맞추어 식품·의약품·화장품 업계에서 건강기능식품 관련 시장규모가 확대되고 있으며 이 분야에 대한 관심 역시 커지고 있다.

건강기능식품은 인체의 건강을 증진시키거나 질병을 예방하는 등 신체에 유용한 영양소 또는 기능성 성분을 사용하여 제조한 식품을 말한다. 건강기능식품 산업은 기능성 원료 및 성분을 연구하는 연구개발 사업에서부터 건강기능식품을 직접 생산하는 제조 과정, 건강기능식품을 판매하는 유통하는 사업까지 광범위한 분야를 아우르는 산업 분야이다.

건강기능식품은 단순히 특정 성분을 섭취하기 편하도록 엑기스나 알약 등의 형태로 만들어 놓은 것에 불과하다. 때문에 건강기능식품으로 사람을 치료하거나 질병을 예방하려고 하는 것은 잘못된 방법이며, 의약품처럼 확실한 효과를 기대하고 복용하면 크게 실망할 수 있다. 의약품은 특정 질병의 치유 내지는 예방하려는 확실한 목적을 가지고 많은 시간과 돈을 들여서 확실한 효과가 입증되어야만 판매가 가능한 반면 건강기능식품은 상대적으로 시판 허가를 받기가 매우 쉽고, 그에 따라 가격도 상대적으로 저렴한 편이다.

또한, 건강식품이랑 건강기능식품이랑은 완전히 다르다. 건강기능식품은 건강기능식품 법에 의해 생산과 판매가 어느 정도 기준이 잡혀있는 반면 건강식품은 따로 규정하고 있는 법률이 없기 때문에 일반식품으로 분류 된다.

어떤 식품이 건강에 좋다고 알려져 있다고 해서 건강기능식품이 되는 것은 아니다. 건강기능식품은 특정 기능성을 가진 원료, 성분을 사용해서 안전성과 기능성이 보장되는 일일 섭취량이 정해져 있고, 일정한 절차를 거쳐 건강기능식품 문구나 마크가 있는 제품이다. 반면, 건강식품은 건강에 좋다고 인식되는 제품을 일반적으로 통칭하는 것으로 건강기능식품 문구나 마크는 없다.

'건강기능식품'은 건강기능식품에 관한 규정에 따라 일정 절차를 거쳐 만들어지는 제품으로서 『건강기능식품』이라는 문구 또는 인증마크가 있다. 이러한 점에서 '건강식품', '자연식품', '천연식품'과 같은 명칭은 '건강기능식품'과는 다르다. 예를 들어 검정콩이 건강에 좋다는 인식이 퍼진다면 검정콩은 건강식품이 되고, 검정콩의 성분을 추출해서 알약 등으로 만들어서 판매하고자 하면 허가를 받아 건강기능식품으로 판매할 수 있는 것이다.

건강기능식품의 특징은 종합비타민과 같이 여러 연구결과에서 생체 내에서 확실한 역할을 한다고 밝혀진 성분들에 대해서는 의사들도 어느 정도는 긍정적으로 보는 경우도 많다. 특히 바다에서 생활하는 선원들 같이 여러 음식을 골고루 섭취하기가 제한된 직업군이나 자취생, 나이 때문에 생체활동이 저하된 실버 계층의 어르신들에게는 종합영양제가 다른 사람들보다 효과적인 건강관리에 도움을 줄 수 있다고 본다.

현재 국내에는 건강기능식품 법에 따라서 모든 건강기능식품은 안정성과 생산과정을 검사받아 등록 후 판매해야한다. 약 2만 4천여 종류의 건강기능식품이 등록되어 국내에 유통 중이며 모든 제품은 식품안전정보포털에서 그 성분과 기능, 섭취방법 등을 모두 확인할 수 있다.

국내 건강기능식품 산업은 앞으로도 계속해서 성장할 것으로 전망된다. 우리나라의 고령화가 빠른 속도로 진행되어 2030년에는 국내 인구의 1/4가량이 노인이 될 것이라는 점, 생활습관 병(성인병)의 증가함에 따라 많은 사람들이 식이에 의한 1차 예방을 중요하게 인식하기 시작했다는 점, 개인의 건강에 대한 관심과 관리가 높아지고 있다는 점 역시 건강기능식품 산업 분야의 발전 가능성이 높은 이유이다.

또한 천연물에 의한 기능성 연구가 활발하게 진행되고 소재 개발이 활성화 되고 있으며 건강기능식품에 대한 규제 정책의 변화와 시장의 글로벌화를 통해 다양한 기능성 원료의 이용이 가능해졌다는 점, 식품, 약품, 화장품 등 기존 시장의 성숙화와 산업간 융·복합 및 다수 기업의 시장 참여 하며 유통채널이 다양화 되고 있다는 점 역시 이 분야의 전망을 밝게 하고 있다.

해외, 특히 미국의 건강기능식품은 특정 성분을 이름으로 세분화된 많은 제품들이 출시되고 있으며, 해당 성분의 함량은 항상 표기한다. 취급하는 종류도 한국보다 훨씬 다양하고, 각 종류마다 다양한 메이저 브랜드에서 제품을 출시하고 있다. 보통 한 통당 중량이나 알약의 크기, 종류, 성분 등으로 세분화되며, 종합 비타민같이 애초에 여러 성분이 섞여서 나오는 제품들은 다양함이 상상을 초월한다. 당장이라도 미국 아마존 사이트에서 아래 아무 성분이나 검색해보면 쉽게 경험할 수 있다.

즉, 평균 수명이 늘어나고 생활 수준은 높아져가면서, 사람들의 건강에 대한 관심은 갈수록 높아지고 있다. 더욱이 현대사회 속 각종 질병들의 등장으로 인해 이제 건강 관리는 선택이 아닌 필수적인 요소로 자리잡게 되었다. 실제로 코로나19 확산과 코로나19를 이겨낼 수 있는 방법으로 면역력 강화가 주목받으면서 건강에 대한 사람들의 관심이 높아지고 있는 상황이다. 치료제와 백신 개발이 늦어지면서 이에 제약·바이오 기업들도 설비 투자, 신규 브랜드 및 제품 출시를 통해 건강기능식품 사업을 강화하고 있다.[1]

건강기능식품 산업은 넓게는 식품 산업의 한 분야이며 개인의 건강 증진을 위해 소비하는 소비재 산업이다. 일반식품과는 달리 생명 유지를 주된 목적으로 하지 않기에 소득의 정도에 따라 소비의 영향을 많이 받는 산업이다. 또한 기능성을 기본으로 하기 때문에 일반식품 대비 상대적으로 가격이 높으므로 제품 구매 시 안정성과 신뢰성이 매우 중요시 되는 산업이다. 이는 뒤집어서 말하면 일반식품보다 고부가가치 창출이 가능한 산업이라고 볼 수도 있다.

본서에서는 먼저 건강기능식품이 무엇인지에 대해 고찰한 다음, 국내와 해외의 건강기능식품 산업 현황을 알아볼 것이다. 그 후 건강기능식품 분야에 주력한 여러 기업체들을 자세히 살펴보고, 이 분야에서 미래에 주목하고 있는 기술부문은 무엇이며 전망은 어떻게 될지 알아볼 것이다.

---

[1] 건강기능식품, 코로나19 트랜드로 자리잡다, 비즈니스워치, 2020.11.25

02

건강기능식품이란?

2. 건강기능식품이란?

가. 정의2)3)

식품의약품안전처의 정의에 의하면 '건강기능식품'은 일상 식사에서 결핍되기 쉬운 영양소나 인체에 유용한 기능을 가진 원료나 성분을 사용하여 제조한 식품으로 건강을 유지하는데 도움을 주는 식품을 말한다.

식품은 인간의 생명과 건강을 유지하기 위해 외부로부터 섭취하는 모든 것을 말하며, 일반적으로 "유해물질을 함유하지 않고 한 종류 이상의 영양소를 함유하고 있는 천연물 또는 인공적으로 가공한 것으로서 식용으로 제공되는 것"이라 정의한다.

모든 식품은 기능을 가지고 있는데 그 기능별로 다음과 같이 분류 할 수 있다.

° 1차 기능 : 건강 유지 및 생명과 관련되는 영양적 기능
° 2차 기능 : 냄새, 색, 맛 등의 감각적, 기호적 기능
° 3차 기능 : 생명활동에 대한 생체조절기능. 생체조절기능에는 노화억제기능, 생체리듬조절기능, 인체의 생체 방어기능, 질병방어기능, 질병회복기능 등이 있으며 바로 3차기능이 기능성식품의 정의와 직결된다.

기능성 식품은 건강기능식품과 농산물 건강기능식품으로 분류할 수 있으며, 맛, 영양소, 향을 공급하는 식품 고유의 기능 외에 노화방지, 면역증강 등 건강에 유익한 기능을 부가적으로 가지고 있는 원료나 성분을 사용하여 법적 기준에 따라 과립, 분말, 액상, 전제, 캡셀, 환 등의 형태로 제조 가공한 식품이라 정의 할 수 있다.

[그림 1] 식품의 분류

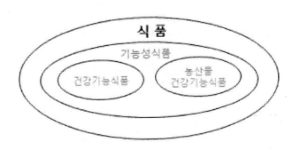

---

2) 2013 가공식품 세분 시장 현황 – 건강기능식품 시장 Market Report 농림축산식품부, 한국농수산식품유통공사
3) 중국 기능성 식품시장, 성장 잠재력 크다 – KOTRA 해외시장뉴스, 이형직 중국 광저우무역관, 2017.01.

나. 건강기능식품과 식품, 의약품의 비교

건강에 도움이 되는 성분이 들어 있는 알약 제형의 제품을 무조건 '의약품'이라고 생각하는 사람이 있지만, 사실 이러한 제품은 각각의 목적이나 성분, 제조법 등에 따라 의약품 혹은 건강기능식품, 일반 식품으로 구분할 수 있다.

식품은 의약으로 섭취하는 것을 제외한 모든 음식물을 말한다. 어떤 식품이 건강에 좋다고 알려져 있다고 해서 건강기능식품인 것은 아니며, 건강기능식품의 영양기능정보표시와 달리 일반식품의 영양표시에는 기능성 표시가 없다.

이러한 점에서 '건강식품', '자연식품', '천연식품'과 같은 명칭은 '건강기능식품'과는 다르다고 볼 수 있다. 즉, 건강에 도움이 되는 성분이 들어 있지만 식품의약품안전처에서 기능성이나 안전성을 인정받지 못한 경우 일반 식품에 속하게 된다. 동물시험, 인체적용시험 등 과학적 근거를 평가하여 공식적으로 인정된 기능성 원료를 가지고 만든 건강기능식품과 달리 식품은 원료에 제약이 없다.

의약품은 질병의 치료·예방을 위해 약리학적 목적으로 사용하는 물품을 지칭한다. 사람이나 동물의 질병을 치료·예방할 목적으로 사용하는 물품으로 사람이나 동물의 구조와 기능에 약리학적 영향을 줄 수 있다. 즉, 질병을 치료하거나 예방할 목적으로 식품의약품안전처에서 의약품 허가를 받아야 일반적으로 부르는 '약'에 속하게 된다.

이러한 의약품과 달리 건강기능식품은 치료 목적으로 섭취하는 것이 아니며, 약물 복용이 환자에게 가져다주는 효과를 대신할 수 없다. 건강기능 식품법에 따르면 건강기능식품이란 '인체에 유용한 기능성을 가진 원료나 성분을 사용해 제조한 식품'을 말하며, 이때 기능성이란 인체의 구조나 기능에 대해 영양소를 조절하거나 생리학적 작용 등 건강 증진에 유용한 효과를 내는 것을 의미한다. 또한 일정 범위 내에서 약물 부작용이 나타날 수 있는 의약품과 달리 기능성 식품은 무독·무해해야 하며, 정상적인 범위 내에서 섭취했을 때 어떠한 부작용이 나타나지 않아야 한다. 또한 의사의 처방이 있어야 사용할 수 있는 의약품과 달리 기능성 식품은 의사의 처방이 불필요하고 사용량의 범위 제한이 없으며, 신체의 정상적인 필요량에 따라 자유롭게 섭취할 수 있다.

[표 1] 식품, 건강기능식품, 의약품의 비교

	식품	건강기능식품	의약품
정의	의약으로 섭취하는 것을 제외한 모든 음식물	인체에 유용한 기능을 가진 원료나 성분을 사용하여 제조한 식품	사람이나 동물의 질병을 치료·예방할 목적으로 사용하는 물품 및 사람이나 동물의 구조와 기능에 약리학적 영향을 줄 목적으로 사용하는 물품
관련법	식품위생법 축산물위생관리법	건강기능식품에 관한 법률	약사법

다. 건강기능식품 마크

식품의약품안전처에서 인정·신고 된 건강기능식품 제품에 한해, 포장에 "건강기능식품" 마크를 표시할 수 있다. 제품 앞면에 이러한 마크가 없다면 식품의약품안전처에서 인정한 건강기능 식품이 아니므로 소비자들은 건강기능식품 구매 시 이 마크를 확인할 필요가 있다.

또한 건강기능식품의 표시, 광고 내용 역시 엄격하게 제한되는데 광고 전 건강기능식품 업체는 한국건강기능식품협회의 기능성 표시·광고 심의위원회의 사전심의를 받아야 한다. 기능성 표시·광고심의위원회는 광고학, 법학, 식품학, 영양학, 의학 등 학계 전문가, 식품전문기관, 소비자단체, 산업계 등 건강기능식품전문가로 구성되어 있으며, 표시·광고 내용이 식품의약품안전처에서 인정한 기능성을 벗어나지 않는지를 평가한다. 사전심의를 통과한 제품은 "표시·광고 사전 심의필" 마크를 사용할 수 있으며, 방송매체, 인쇄매체, 인터넷 등을 통한 표시·광고에 대하여 방송 중 자막 또는 멘트 등의 방법으로 "이 광고는 기능성 표시광고심의위원회의 심의를 받은 내용입니다."라는 멘트를 달 수 있다. 사전심의를 통과한 제품은 아래와 같은 '사전 심의필 도안'을 사용할 수 있다.

또 다른 마크로는 GMP 마크가 있다. 우수건강기능식품제조기준 (Good Manufacturing Practice, GMP)는 건강기능식품의 품질을 보증하기 위한 제조 및 품질관리기준으로 이 기준을 준수하는 업소는 'GMP 인증 마크' 사용이 가능하다. 소비자는 건강기능식품에 대해 기능성은 물론 안전성과 품질에 대해서도 높은 기대를 가지고 있다. 이에 건강기능식품 제조업소가 안전하고 질 좋은 건강기능식품을 생산하도록 GMP 제도가 운영되고 있다. GMP 업체 지정은 식품의약품안전처에서 담당하며, GMP 지정 업체에서 생산된 제품은 식품의약품안전처장이 지정한 제조, 품질관리기준을 통하여 품질이 관리되는 제품이므로 일반 건강기능식품보다 높은 신뢰성을 보증한다고 볼 수 있다.

[표 2] 건강기능식품 관련 마크들

| 건강기능식품 마크 | 표시·광고 사전 심의필 마크 | GMP 마크 |

라. 건강기능식품의 분류[4]

1) 생리기능별 분류

건강기능식품은 기준에 따라 생리기능별, 식품유형(제품형태)별, 원료소재별 등으로 분류할 수 있다. 먼저 생리기능별 분류를 살펴보면, 그 기능에 따라 생체조절분야와 질병예방분야, 질병회복분야, 노화억제분야의 건강기능식품으로 분류할 수 있다.

■ 생체조절분야 : 스트레스 등으로 인한 자율신경계의 조절작용 이상을 방지하거나 치료하는 기능, 감미를 느끼지 못하게 함으로써 당분의 섭취를 억제하게 하는 등 섭취기능 조절식품이나 당분이나 지방 등의 체내 흡수를 조절하여 영양수급을 조정하는 흡수기능 조절식품 등을 포함한다.
■ 질병예방분야 : 알레르기를 억제하는 식품이나 면역력을 향상시키는 면역 부활식품 등과 고혈압, 당뇨병 등 주로 성인병에 효과가 있는 식품이 포함된다.
■ 질병회복분야 : 주로 혈액 순환에 관한 기능을 포함하는 식품이 대부분이다. 동맥경화를 방지하거나 혈액을 생성하여 혈행을 개선하는데 도움을 준다.
■ 노화억제분야 : 노화의 원인 중 하나인 과산화지질 생성을 억제하는 비타민 E 등을 포함한다.

그 외에도 간질환 예방식품, 고혈압 예방식품, 고령자식품, 당뇨병 방지식품, 면역력 증진 식품, 선천성대사 이상증 방지식품, 비만방지 다이어트식품, 항스트레스 식품, 학습능력 증진식품, 키 성장 촉진식품, 호르몬 대체식품, 스테미너 식품, 피부미용 식품 등 다양한 기능성 원료들이 연구·개발 중에 있으며, 판매되고 있다.

[표 3] 건강기능식품의 기능과 종류

기능	종류
생체조절	알레르기 제거 식품
	면역식품
	림프계 자극 식품
질병예방	고혈압 방지 식품
	당뇨병 방지 식품
	선천성 대사이상 장해 방지 식품
	항암식품
질병회복	콜레스테롤 조절식품
	혈소판 응고 방지식품
	조혈기능 조절식품
생체리듬조절	신경계 조절식품
	섭취기능 조절식품
	흡수기능 조절식품
노화억제	과산화지질 생성 억제식품

---

4) http://www.seehint.com/word.asp?no=10099

2) 원료소재별 분류[5][6]

건강기능식품은 또한 어떠한 원료를 사용하느냐에 따라서 고시형 원료와 개별인정 원료로 분류할 수 있다. 고시형 원료는 식품의약품안전처에서 「건강기능식품 공전」에 기준 및 규격을 고시한 기능성 원료로, 공전에서 정하고 있는 기준 및 규격에 적합할 경우 별도의 인정절차 없이 누구나 사용할 수 있다. 2016년 9월 기준으로 비타민, 무기질, 식이섬유 등 각종 영양소와 인삼, 홍삼 등 기능성 원료 88여 종이 등재되어 있다.

[표 4] 식약처장이 고시한 원료 또는 성분

구분	기능성을 가진 원료 또는 성분
영양소 (28종)	비타민 및 무기질(또는 미네랄) 25종 : 비타민 A, 베타카로틴, 비타민 D, 비타민 E, 비타민 K, 비타민 B1, 비타민 B2, 나이아신, 판토텐산, 비타민 B6, 엽산, 비타민 B12, 비오틴, 비타민 C, 칼슘, 마그네슘, 철, 아연, 구리, 셀레늄(또는 셀렌), 요오드, 망간, 몰리브덴, 칼륨, 크롬, 필수지방산, 단백질, 식이섬유
기능성원료 (55종)	인삼, 홍삼, 엽록소 함유 식물, 클로렐라, 스피루리나
	녹차 추출물, 알로에 전잎, 프로폴리스추출물, 코엔자임Q10, 대두이소플라본, 구아바잎 추출물, 바나바잎 추출물, 은행잎 추출물, 밀크씨슬(카르두스 마리아누스) 추출물, 달맞이꽃종자 추출물
	오메가-3 지방산 함유 유지, 감마리놀렌산 함유 유지, 레시틴, 스쿠알렌, 식물스테롤/식물스테롤에스테르, 알콕시글리세롤 함유 상어간유, 옥타코사놀 함유 유지, 매실추출물, 공액리놀레산, 가르시니아캄보지아 추출물, 루테인, 헤마토코쿠스 추출물, 쏘팔메토 열매 추출물, 포스파티딜세린
	글루코사민, N-아세틸글루코사민, 뮤코다당·단백, 알로에 겔, 영지버섯 자실체 추출물, 키토산/키토올리고당, 프락토올리고당
	식이섬유(14종) : 구아검/구아검가수분해물, 글루코만난(곤약, 곤약만난), 귀리식이섬유, 난소화성말토덱스트린, 대두식이섬유, 목이버섯식이섬유, 밀식이섬유, 보리식이섬유, 아카시아검, 옥수수겨식이섬유, 이눌린/치커리추출물, 차전자피식이섬유, 폴리덱스트로스, 호로파종자식이섬유
	프로바이오틱스, 홍국
	대두단백, 테아닌
	디메틸설폰(Methyl sulfonylmethane, MSM)

---

5) 건강기능식품 시장 동향, 연구성과실용화진흥원 (S&T Market Report vol. 41 (2016.10.)
6) 2013 가공식품 세분 시장 현황 - 건강기능식품 시장 Market Report 농림축산식품부, 한국농수산식품유통공사

반면에 개별인정 원료란 「건강기능식품 공전」에 등재되지 않은 원료로, 개별적으로 식품의약품안전처의 심사를 거쳐 인정받은 영업자만이 사용할 수 있다. 2016년 9월 기준으로 262종이 등재되어 있다. 개별인정 원료로 인정받기 위해서는 영업자가 원료의 안전성, 기능성, 기준 및 규격 등의 자료를 제출하여 관련 규정에 따른 평가를 통해 기능성 원료로 인정을 받아야 하며 해당 업체만이 제조 또는 판매할 수 있다. 개별인정 원료는 1) 기능성 원료로 인정 후 품목제조/수입 신고한 날로부터 3년이 경과하였거나 3개 이상의 업자가 인정받은 후 품목제조/수입 신고한 경우 혹은 2) 인정받은 자가 등재를 요청하는 경우 (다만 인정받은 자가 3명 이상인 경우에는 3분의 2가 요청해야 함)에 고시형 원료로 전환되어 「건강기능식품 공전」에 등재될 수 있다.

기능성 원료를 사용하여 건강기능식품을 제조하거나 수입할 때에는 「건강기능 식품 공전」 '제 2. 공통 기준 및 규격'과 '제 3. 개별 기준 및 규격' 또는 「건강기능식품 기능성 원료 및 기준·규격 인정에 관한 규정」을 따라야 한다. 공통적으로 규정된 형태로 제조하되, 기능성 원료의 특성이 변화될 수 있는 제조·가공은 할 수 없다.

[표 5] 건강기능식품 제조 기준

기준	내용
공통 제조 기준	◦ 기능성 원료의 섭취를 주된 목적으로, 정제·캡슐·환·과립·액상·분말·편상·페이스트상·시럽·겔·젤리·바의 형태로 1회 섭취가 용이하게 제조·가공되어야 함 ◦ 최종 제품의 제조 시 기능성 원료의 특성이 변화될 수 있는 추출, 정제, 발효 등의 제조·가공을 하여서는 아니 됨 ◦ 일반 식품 또는 식사를 대신할 수 있는 식품유형 등으로 제조 가공할 경우에는 「건강기능식품 기능성원료 및 기준규격 인정에 관한 규정」에 따라 개별인정을 받아야 함
기능성 원료 사용 기준	◦ 건강기능식품 공전 제 3. 개별 기준 및 규격 또는 「건강기능식품 기능성 원료 및 기준·규격 인정에 관한 규정」에서 정한 제조기준 및 규격에 적합한 것 [7] 을 사용해야 함 ◦ 공전에서 정하지 않은 사항은 「식품의 기준 및 규격」을 따름

7) 건강기능식품의 기준 및 규격 고시전문, 식품의약품안전처, 2013.06

마. 건강기능식품 개발 순서

① 개발목표 설정
 : 어떠한 질병의 예방, 치료, 회복에 사용할 것인지, 사용 연령층을 고려하여 연구·개발 전략을 설계하는 과정이다.

② 기능성 성분의 구조 규명
 : 효소공학 적합성, 생물공학 적합성, 화학 적합성, 기기분석 등 가능한 모든 방법을 이용하여 기능성 성분의 구조를 규명하는 과정이다.

③ 기능성성분의 정성 및 정량
 : 기능성 성분을 물리적, 화학적, 생화학적 분석에 의해 정성 및 정량하는 과정을 말한다. 또한 가공, 저장 중에 기능성 성분의 존재가 어떤 변화를 일으키는지 추적하여 미연에 있을 부작용을 방지한다.

④ 기능성성분의 작용 매카니즘 규명
 : 외래성 물질인 기능성 성분과 타겟 세포가 어떠한 상호작용을 통해 기능을 발현하는지 그 기작에 대해서 생화학적, 생리학적, 분자생물학적 규명이 가능해야 한다.

⑤ 안전성 확보
 : 건강기능식품은 원료부터 제품까지 전 과정에서 과학적 근거를 가지고 그 안전성을 확보해야만 한다. 최소 급성독성, 4주 반복독성 또는 12주 반복독성 시험을 통과해야 하며 독성시험은 완제품을 이용하여 실시한다.

⑥ 기능성발현 증명
 : 건강기능식품의 기능성은 인체시험을 통해 증명하는 것이 원칙이나 동물시험 역학자료 관련 과학적 문헌 등을 근거로 인체의 기능성 발현을 증명하면 대체될 수 있다.

⑦ 제품의 형태 결정
 : 다양한 제형 중 어떤 제형이 해당 건강기능식품에 적합할 것인지를 결정한다.

⑧ 제품의 표시사항 설정
 : 건강기능식품의 표시는 건강기능식품표시, 광고심의위원회의 사전심의를 받아야 한다.

03

건강기능성 원료

3. 건강기능성 원료

가. 생리기능별 기능성원료[8)9)]

"기능성"이란 인체의 구조 및 기능에 대하여 영양소를 조절하거나 생리학적 작용 등과 같은 보건용도에 유용한 효과를 얻는 것을 말한다. 건강기능식품의 기능성은 영양소 기능, 질병발생 위험감소 기능 및 생리활성 기능으로 구분할 수 있다.

[표 6] 건강기능식품의 기능성

기능성 구분	기능성 내용	기능성을 가진 원료 또는 성분
영양소 기능	인체의 정상적인 기능이나 생물학적 활동에 대한 영양소의 생리학적 작용. 28가지의 기능성을 가진 영양소가 생리학적 작용에 도움을 주는 경우에 인정함	영양소
생리활성 기능	인체의 정상 기능이나 생물학적 활동에 특별한 효과가 있어 건강상의 기여나 기능 향상 또는 건강유지·개선을 나타내는 기능. *과학적 근거 정도에 따라 3가지 등급으로 구분 | 기능성 등급	기능성 내용
---	---
생리활성기능 1등급	OO에 도움을 줌
생리활성기능 2등급	OO에 도움을 줄 수 있음
생리활성기능 3등급	OO에 도움을 줄 수 있으나 관련 인체적용시험이 미흡함		기능성 원료
질병발생 위험감소 기능	질병의 발생 또는 건강상태의 위험감소와 관련한 기능으로 확보된 과학적 근거 자료의 수준이 과학적 합의에 이를 수 있을 정도로 높을 경우에 인정함 (현재까지 '골다공증 발생 위험 감소에 도움을 줌'만 있음)	영양소 및 기능성 원료[10)]

---

8) 건강기능식품 시장 동향, 연구성과실용화진흥원 (S&T Market Report vol. 41 (2016.10.)
9) 2013 가공식품 세분 시장 현황 - 건강기능식품 시장 Market Report 농림축산식품부, 한국농수산식품유통공사
10) (상동)

건강기능식품 기능성원료 인정은 2014년 잠깐 증가하였으나 2009년 이후 감소하는 추세이다. 기능성원료 인정 건수가 전반적으로 줄어드는 추세임에도 불구하고 국내 개발 원료의 인정은 지속적으로 증가하고 있다. 이는 건강기능식품 개발 노하우가 축적되고 국내 연구개발 인프라가 지속 발전하고 있기 때문인 것으로 분석된다.

1) 면역기능 개선

스트레스나 환경오염, 다양한 감염원에 의한 감염 등 면역저하 요인에 대한 저항이나 알레르기, 아토피, 자가면역 질환 등 면역과민반응 등 면역기능 이상을 방지하기 위한 면역기능 개선 기능을 가진 기능성원료에 대한 수요는 꾸준히 증가하고 있다.

면역관련 기능성은 면역기능 증진과 과민면역반응 완화로 구분할 수 있는데, 면역기능 증진은 면역을 조절하여 생체 방어능력을 증강시키는 기능을 말하며 과민면역반응 완화는 외부 물질에 반응하여 초래되는 알레르기 반응으로 자기항원 또는 변형된 자기항원에 대한 반응 등 바람직하지 않게 증가된 면역 반응을 억제시키는 기능을 말한다.

[표 7] 면역력 증진 기능성원료 현황

구분	기능성 원료
인정형 (15개)	게르마늄 효모, 당귀혼합 추출물, 표고버섯 균사체, L-글루타민, 다래 추출물, 소엽 추출물, 피카오프레토 분말 등 복합물, 합성 PLAG, 구아바잎 추출물 등 복합물, 청국장균 배양 정제물, Enterococcus faecalis 가열처리 건조분말, 동충하초 주정 추출물, 효모 베타글루칸, 인삼다당체추출물
고시형 (5개)	홍삼, 인삼, 클로렐라, 알콕시글리세롤 함유 상어간유, 상황버섯추출물, 알로에 겔 [11]

면역력 증진 건강기능식품은 홍삼을 원료로 한 제품이 가장 많이 등록되어 있으며, 개별인정형 제품의 경우 주로 구아바 잎, 다래 등의 천연물 추출물을 원료로 한 제품이 주로 제조·출시되고 있다.

---

11) 건강기능식품 생산실적, 식품의약품안전처, 2018.8.

[표 8] 면역력 증진 개별인정형 건강기능식품 현황

원료명	주요 제조 기업	주요 제품명
구아바잎 추출물 등 복합물	안국건강㈜	코박사
	㈜로제트	디엑스그린비에스
	㈜서홍	코박사 키즈
	㈜알피바이오	코박사
다래 추출물	㈜바이로메드	액상 다래추출물, 다래추출물 분말
	일동바이오사이언스㈜	일동 다래유산균
	㈜네추럴웨이	슈퍼 다래추출물
	㈜뉴트리바이오텍	이뮤넌스
	㈜서홍	다래추출물
	천호식품㈜	꼬꼬미다래
스피루리나	㈜노바렉스	굿썸스피루리나
	㈜오투바이오	순수한 스피루리나
	천호식품㈜	알로하 스피루리나
	코스맥스바이오	메가 스피루리나, 슈퍼 스피루리나
청국장균 배양 정제물	㈜네추럴에프앤피	면역 엔 케이, 믹시윤
	㈜바이오리더스	맥시윤
	㈜코스맥스바이오	임뮨랩
표고버섯 균사체	㈜서홍	세이퍼스 표고버섯 균사체, 엑티브 표고버섯 균사체 AHCC
	㈜네추럴에프앤피	AHCC 표고버섯 균사체
	㈜한풍네이처팜	메가포스 AHCC
L-글루타민	대상㈜	대상 L-글루타민
게르마늄 효모	게란티제약㈜	바이오 게르마늄 골드, 바이오 게르마늄 클래식
동충하초 주정 추출물	동아제약㈜	동충일기, 동충하초 주정추출물
	㈜로제트	동충일기2
금사상황버섯	금사머쉬앤팜	금사린테우산
	㈜한국씨엔에스팜	금사상황버섯
당귀혼합 추출물	콜바미앤에이치㈜ 선바이오텍 사업부문	헤모힘 당귀 등 혼합추출물, 애터미 헤모힘

2) 체지방 감소

체지방 감소에 도움을 주는 건강기능식품은 여분의 에너지를 지방으로 합성하는 과정을 방해하거나 체지방이 세포에서 에너지원으로 사용되도록 도움을 주는 기능을 가진다. 체지방 감소 기능성 원료 중 가르시니아 캄보지아 추출물, 공액리놀레산, 녹차 추출물이 대표적이다. 이 중 가장 큰 비중을 가지고 있는 원료는 가르시니아 캄보지아 추출물로, 2014년 기준 체지방 감소 기능성 원료 중 약 47.1%의 비중을 차지하고 있다. 공액리놀레산은 가르시니아 캄보지아 추출물과 비슷한 효능을 가지고 있으나 상대적으로 가격대가 높아 점차적으로 점유율이 낮아지고 있는 추세이다. 녹차 추출물은 2010년 0.7%의 점유율을 차지하였으나 꾸준히 생산량이 증가하여 2014년 기준 23.3%의 점유율을 기록하여 공액리놀렌산보다 더 많이 사용되는 체지방 감소 기능성 원료인 것으로 나타났다.

[표 9] 체지방 감소 기능성원료 현황

구분	기능성 원료
인정형 (25개)	그린마테추출물, 그린커피빈추출물, 그린커피주정추출물, 깻잎추출물(PF501), 대두배아추출물등 복합물, 돌외잎주정추출분말, 락토페린(우유정제단백질), 레몬 밤 추출물 혼합분말, 미역 등 복합추출물(잔티젠), 발효식초석류복합물, 발효율피추출분말, 보이차추출물, 서목태(쥐눈이콩) 펩타이드복합물, 시서스추출물, 와일드 망고 종자추출물, 우뭇가사리 추출물, 자몽추출물등 복합물(Sinetrol), 콜레우스포스콜리추출물, 풋사과추출물 애플페논(Applephenon), 핑거루트추출분말, 해국추출물, 히비스커스등 복합추출물, Lactobacillus gasseri BNR17, Lactobacillus 복합물 HY7601+KY1032, L-카르니틴 타르트레이트
고시형 (5개)	가르시니아 캄보지아 껍질 추출물, 공액리놀렌산(트리글리세라이드), 공액리놀레산(유리 지방산), 녹차 추출물, 키토산/키토올리고당

12)

개별인정형 건강기능식품 중에서는 그린 커피빈 추출물, 그린마테 추출물, 돌외잎 주정 추출 분말, 미역 등 복합 추출물, 와일드망고 종자 추출물, 콜레우스포스콜리 추출물을 원료로 한 제품들이 출시되어 있다. 이 중 미역 등 복합추출물과 풋사과 폴리페놀을 원료로 한 제품은 거의 대부분 OEM 업체인 ㈜노바렉스와 ㈜서흥에서 생산되고 있다.

---

12) 건강기능식품 생산실적, 식품의약품안전처, 2018.8.

3) 위·장 건강

위 건강은 주로 위장의 소화 기능으로 평가되며, 그 외 위 소화 효소 활성, 소화액 분비, 소화관 운동 기능이 위장 건강의 요소가 고려된다. 장 건강에 도움을 주는 건강기능식품의 기능성은 장내 유익균 증식 및 유해균 억제, 면역기능 조절을 통한 장 건강 개선, 배변활동 개선의 기능성 등이 있다.

[표 10] 위·장 건강 기능성원료 인정 현황

구분		기능성 원료
위 건강/소화기능	인정형 (4개)	감초 추출물, 매스틱검, 비즈왁스 알코올, 아티초크 추출물
장 건강	인정형 (10개)	갈락토 올리고당, 대두 올리고당, 카피만노 올리고당 분말, 락추로스 파우더, 이소말토 올리고당, 자일로 올리고당, 밀전분 유래 난소화성 말토덱스트린, 프로바이오틱스(드시모네), 무화과 페이스트, 목이버섯
	고시형 (17개)	알로에겔, 알로에 전잎, 구아검, 구아검 가수분해물, 글루코만난(곤약, 곤약난만), 난소화성 말토 덱스트린, 대두 식이섬유, 밀 식이섬유, 보리 식이섬유, 분말 한천, 아라비아검, 폴리 덱스트로스, 차전자피식이섬유, 이눌린/치커리 추출물, 프로바이오틱스, 목이버섯식이섬유, 라피노스,

13)

위·장 건강 건강기능식품은 프로바이오틱스를 원료로 한 제품이 가장 많이 등록되어 있으며 제품명에 관련 제품의 수는 총 1,175개로 조사되었다. 프로바이오틱스 외에도 차전자피와 이눌린/치커리 추출물을 원료로 한 제품이 많이 출시되어 있었다. 개별인정형 건강기능식품은 총 14개의 원료가 등록되어 있으며 이 중 일부 원료만이 주 원료로써 제조·판매되고 있었으며, 올리고당류의 경우에는 주 원료보다는 부 원료로 사용되고 있었다.

[표 11] 위·장 건강 개별인정형 건강기능식품 현황

원료명	주요 제조 기업	주요 제품명
감초 추출물	㈜KT&G	위내력 골드
	코스맥스바이오㈜	속편한에센셜, 슈퍼위포스, 위에는위가드
매스틱검	코스맥스바이오㈜	키오스매스틱검
비즈왁스 알코올	코스맥스바이오㈜	아벡솔 비즈왁스알코올
아티초크 추출물	㈜비오팜	아티초크1920, 위담아티초크

---

13) 건강기능식품 생산실적, 식품의약품안전처, 2018.8.

4) 갱년기 여성 건강

폐경 이행기, 폐경, 폐경 이후의 시기를 모두 포함하여 갱년기라고 하며 이 시기에는 여성호르몬인 에스트로겐의 수준이 감소한다. 호르몬의 변화함에 따라 함께 다양한 갱년기 증상이 나타나는데, 가장 대표적인 갱년기 증상으로는 비뇨생식기 증상인 질 건조증이 있으며 골다공증, 안면 홍조이 나타나기도 한다. 이러한 갱년기 증상을 개선하는 기능성을 가진 원료로는 백수오 등 복합추출물, 석류 농축액, 석류 추출/농축물, 홍삼(홍삼농축액), 희화나무 열매 추출물 등이 있다. 이 기능성을 가진 개별인정 원료는 3가지이나, 각 원료마다 다양한 제품이 출시되어 있다.

[표 12] 갱년기 여성건강 개별인정형 건강기능식품 현황

원료명	주요 제조 기업	주요 제품명
백수오 등 복합추출물	㈜네추럴엔도텍	백수오, 백수오 퀸 프리미엄, 백수오 궁
	웅진식품㈜	발효홍삼 백수오 수
	㈜동구바이오제약	레드우먼
	㈜비오팜	뉴백수오 프리미엄, 로제골드
	㈜서흥	백수오궁, 참 백수오, 동아 백수오 프리미엄
	㈜한국씨앤에스팜	레이디리본 백수오, 한미 진품 백수오, 한미 진품 센스 미인, 백수오 미인
	천호식품㈜	황후 백수오 플러스, 황후 백수오정
	코스맥스바이오㈜	백수오진, 백수오 생 골드, 수오련
	콜마비앤에이치㈜ 푸디팜 사업부문	백세 백수오, 백수오 HCA
	풀무원건강생활㈜	로젠빈수 백수오, 퍼스트 백수오
석류 추출액/농축액	네이처퓨어코리아㈜	리플라워 퀸
	대상㈜	발효식초석류복합물
	비엔지웰푸드	석류 추출물
	㈜더존피에이치씨	페미케어, 여다움
	㈜서흥	여왕의 석류, 닥터레드퀸
	㈜에이치엘사이언스	닥터석류진, 닥터석류진 알파, 황실보감 황후의 시크릿, 레드클레오
	㈜케이지앤에프	에스-T 석류추출물
	㈜한풍네이처팜	금단미인궁

	천호식품㈜	우먼솔루션
	코스맥스바이오㈜	에버플라본 석류, 가르시니아 맥스 석류맛, 미애 석류
	콜마비앤에이치㈜ 푸디팜 사업부문	석류골드프리엄
회화나무 열매 추출물	극동에치팜㈜	우먼스립
	㈜노바렉스	렉스플라본, 보움 써큘라케어 감마리놀렌산 플러스 회화나무, 건미락 에스지골드, 디어우먼
	㈜알피바이오	회화 궁
	㈜유유헬스케어	화화춘
	㈜한풍네이처팜	퀸즈 트리플케어
	콜마비앤에이치㈜ 푸디팜 사업부문	애터미소포라퀸
	한국코러스㈜ 건강기능식품사업부	여자의청춘2

　

5) 기타[14]

기타 기능성으로는 먼저 간 건강, 체지방 감소, 혈중 콜레스테롤 개선, 혈당 조절, 혈압 조절, 혈행 개선 등 대사성 질환과 관련된 기능성이 있다. 대사성 질환 기능성 원료는 2004년 이후 지속적으로 증가하고 있는데 대사성 질환 예방에 대한 관심이 꾸준히 커지고 있는 것으로 보인다.

---

14) 건강기능식품의 기능성원료 인정 현황, 식품의약품안전처, 2015. 2.

[표 13] 년도별 대사성 질환 관련 기능성원료 인정 건수(2004년~2015년)

기능성		인정 원료 수	인정 건수												
			'04	'05	'06	'07	'08	'09	'10	'11	'12	'13	'14	'15	계
체지방 감소	체지방 감소에 도움	27	1	9	4	1	12	27	8	6	3	8	7	2	88
혈당 조절	식후 혈당 상승 억제에 도움	22	1	3	3	8	3	3	5	5	4	1		5	41
혈중 콜레스테롤 개선	혈중 콜레스테롤 개선에 도움	16	2	2	2	1	1	4	2		1	1	3		19
혈압조절	높은 혈압 감소에 도움	11	1		4		8	4	3		1	1	1		23
혈행 개선	혈행 개선에 도움	11			1	1	3	2	11	2	2	1	1	1	25
간 건강	간 건강에 도움	7			1		1	11	12	1	5	2			33
	알콜성 손상으로부터 간 보호에 도움	2			1		1	1		2			1		6

두 번째로는 노인성 질환과 관련된 기능성이 있다. 이 분야 기능성 원료 중 관절/뼈 건강 기능성원료는 2004년 이후 지속적으로 인정받고 있으며 기억력 개선 기능성 원료는 2010년과 2011년에 높은 인정 건수를 보였다. 기억력 개선의 경우 인정 원료수는 13개인 반면 인정 건수는 39건에 달해 중복된 원료에 대한 인정비율이 높은 것으로 분석된다.

[표 14] 년도별 노인성 질환 관련 기능성원료 인정 건수(2004년~2015년)

기능성		인정 원료수	인정 건수												
			'04	'05	'06	'07	'08	'09	'10	'11	'12	'13	'14	'15	계
관절/뼈 건강	관절 건강에 도움	21	1	2	3	3	4	4	3	2	5	4	5	2	38
기억력 개선	기억력 개선에 도움	13	1	1		1		4	12	3	2		11	4	39
인지능력 향상	인지능력 개선에 도움	5	1		2		1	1				2	1		8

세 번째로는 여성의 삶의 질 개선과 관련된 기능성 원료가 있다. 이 분야 기능성 중 갱년기 여성건강은 2010년 이후, 월경 전 불편감 개선 및 여성 질 건강은 2014년 이후 기능성원료 인정이 나타났다. 월경 전 불편감 개선의 경우 인정 원료 수는 1개인 반면 인정 건수는 10건으로 단일 원료로 원료 인정이 발생한 것으로 보인다.

[표 15] 년도별 여성 관련 기능성원료 인정 건수(2004년~2015년)

기능성		인정 원료수	인정 건수												
			'04	'05	'06	'07	'08	'09	'10	'11	'12	'13	'14	'15	계
갱년기 여성 건강	갱년기 여성의 건강에 도움	5							5	2			2	1	10
월경 전 불편감 개선	월경 전 변화에 의한 불편한 상태 개선	1											8	2	10
여성 질 건강	유산균 증식을 통한 여성 질 건강에 도움	1											1		1

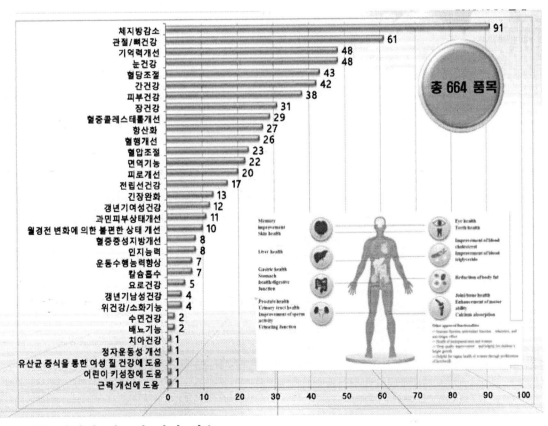

15) 개별 인정형 기능성 인정 건수

15) 개별인정형 기능성 원료 인정관련 개정사항, 식품의약품안전평가원, 2018.11.8.

나. 원료소재별 기능성원료[16][17]

1) 식이섬유

식이섬유는 식품 중에서 채소·과일·해조류 등에 많이 들어 있는 섬유질 또는 셀룰로스로 알려진 성분이다. 장내에서 수분을 흡수해 대변을 부드럽게 만들고 양을 늘려서 변비·치질을 예방한다. 콜레스테롤을 함께 배출시키는 효과도 있다. 식이섬유는 한꺼번에 대량으로 섭취할 경우 복부 팽만감과 복통, 가스, 설사 등의 증상이 나타날 수 있으므로 주의해야 하며, 섭취 시 물을 충분히 마시는 것이 좋다.

식이섬유는 주로 탄수화물 성분으로 분류되며, 물에 대한 용해성에 따라 수용성과 불용성으로 구분될 수 있다.

수용성 식이섬유가 풍부한 식물들	고구마, 귀리, 견과류, 당근, 돼지감자, 보리, 브로콜리, 아마씨, 양파, 콩, 호밀 등
불용성 식이섬유가 풍부한 식물들	감자 껍질, 녹두, 노팔, 밀, 셀러리, 애호박, 아보카도, 키위, 통곡물, 포도등

가) 키틴과 키토산

키틴과 키토산은 게, 새우 등의 갑각류, 오징어 및 조개류 등의 연체동물 골격 성분을 말한다. 키토산은 대장균, 황색포도상구균 및 식물병원성 곰팡이 등에 대한 항균활성이 있다. 키틴은 게·새우 등의 갑각류의 껍질 및 버섯 등 균류의 세포벽을 구성하는 주성분으로 아미노산중합체로 이뤄졌으며, 매우 단단한 구조를 하고 있어 물에 녹지 않는다. 이 키틴을 가열, 진한 알칼리용액에 담가두면 그 분자에서 아세틸기가 떨어져 나가 아미노기로 바뀌는 키토산이 되는 것이다. 동물성 식이섬유로 불리는 키토산과 키틴을 총칭해 '키틴질'이라고도 한다.

주된 효능으로는 지방 가수분해 효소의 활성을 저하시켜 혈중 중성지방과 콜레스테롤 농도를 감소시키고, 혈중 콜레스테롤의 소비를 증가시키는 역할을 들 수 있다. 즉, 체내에 과잉된 유해 콜레스테롤을 흡착, 배설하는 역할인 탈콜레스테롤 작용을 하며, 이 때문에 혈관 질환을 예방 및 개선하는데 큰 효과가 있다고 이미 식약처에서 인정된 바 있다. 혈중 콜레스테롤 개선을 위해선 하루에 1.2~4.5g, 체지방 감소 효과를 보려면 하루에 3.0~4.5g을 섭취해야 한다. 갑각류에 대한 알레르기가 있다면 키토산과 키토올리고당의 섭취를 피해야 하며, 지용성 비타민의 흡수를 감소시키므로 각별한 주의가 필요하다.

---

16) 홍삼, 비타민, 유산균, 알로에... 건강기능식품 Top20 집중해부 - 헬스조선, 김수진·강승미 기자, 2016.04.
17) <예방약학>, (사)한국약학교육협의회, 예방약학분과회, 신일북스 (2017)

뿐만 아니라, 암세포의 증식을 억제하는 항암 작용도 하는데, 직접적인 암 세포 파괴가 아닌 면역력 강화와 비정상 세포에 흡착하여 암 세포의 증식과 성장을 방해는 역할을 한다. 또한 인공 피부나 혈관등의 의료적인 목적으로도 이용되고 있다. 이 외에도 피부 및 모발, 항균과 항바이러스 작용, 오염물질 배출, 간 기능개선 및 혈당조절등에도 효과를 보이는 것으로 알려져 있다.

나) 난소화성 말토덱스트린

난소화성 말토덱스트린이란 단어 그대로 '소화시키기 어려운' 말토덱스트린을 말하는데, 이는 옥수수전분을 가열하여 얻은 배소덱스트린을 효소분해하고 정제한 것 중 난소화성 성분을 분획하여 식용에 적합하도록 한 것이다.

주된 효능으로는 먼저 ,배변활동 원활에 도움을 들 수 있다. 수용성 식이섬유인 난소화성 말토덱스트린은 체내에서 소화시킬 수 있는 효소가 없기 때문에 소화되지 않고 장까지 도달한다. 이는 변의 부피를 증가시켜 배변 빈도와 배변량이 증가하여 배변장애를 치료할 수 있다. 다음으로 식후 혈당 상승 억제작용이 있다. 보통 식사를 하면 섭취한 탄수화물이 포도당으로 분해되어 소장에서 흡수된 후 간으로 이동한다. 그러나 난소화성 말토덱스트린은 탄수화물임에도 불구하고 소화효소에 의해 분해되지 않기 때문에 소장에서 흡수되지 않고 바로 대장으로 이동한다. 또한 함께 섭취한 다른 당의 흡수도 방해하기 때문에 혈당이 급격히 상승하는 것을 막을 수 있는 것이다. 마지막으로 혈중 중성지방 감소 효능을 들 수 있다. 난소화성 말토덱스트린은 혈당을 서서히 올리기 때문에 인슐린의 분비량도 감소한다. 인슐린은 지방합성에 관여하므로 인슐린인 줄면 혈중 중성지방도 자연스럽게 감소하게 된다.
적절한 1일 섭취량은 배변활동 원활을 위해서는 3~29g, 식후 혈당상승 억제를 위해서는 14~29g, 혈중 중성지방 개선의 경우 15~30g이다.

[표 17] 식이섬유 함유 식품들

2) 기능성 당질

가) 올리고당

올리고당은 3~10개 정도의 단당이 탈수 축합된 탄수화물로 감미를 가진 수용성의 결정성 물질이다.

올리고당은 비만예방에 효능을 지니고 있는데, 저칼로리이기 때문에 설탕 대신 올리고당을 사용하게 되면 몸매 관리 유지와 비만 예방에 도움이 될 수 있다. 또, 올리고당은 포만감을 느끼게 하는 호르몬 분비를 촉진시키기 때문에 과식을 예방한다는 점에서도 비만에 효과를 지닌다. 다음으로, 장건강 증진 및 대장암 예방에도 효과가 있는데, 위에서 쉽게 소화가 되지 않는 올리고당은 장까지 도달해 유산균의 먹이가 되어주며 유익균들이 올리고당을 분해하면서 장에 좋지 않은 균들이 번식하지 않도록 방지하는 효능이 있기 때문이다. 더불어 올리고당은 설탕과는 다르게 충치를 유발하는 세균인 뮤탄스균의 먹이가 되기 어렵기 때문에 충치 예방에도 도움을 주는 것으로 알려져있다. 이 외에도 변배 개선과 혈당수치 조절, 칼슘흡수 도움 등에서 효능을 지닌다.

나) 당알코올

당알코올은 당을 환원시켜 모든 산소분자를 수산기로 전환시킨 polyol을 말한다. 탄소 개수에 비해 비교적 많은 알코올기가 붙어 있는 것이 특징으로, 당이기에 대부분 단맛이 난다. 열량이 대응되는 당에 비해 낮지만 그만큼 감미는 떨어진다. 대표적인 당알코올로는 자일리톨이 있는데 자일리톨은 충치균인 *Streptococcus mutans*가 이용할 수 없어 구강 내의 플라그와 산생성이 억제된다. 또한 자일리톨은 그 자체로 충치균에 직접적인 독성을 나타내기도 한다. 권장 1일 섭취량은 10~25g이며, 한 번에 40g 이상 섭취하면 복부팽만감 등 불쾌감을 느낄 수 있으므로 주의해야 한다.

다) 글루코사민

글루코사민은 아미노산과 당의 결합물인 아미노당의 한 종류로, 연골을 구성하는 필수 성분이다. 글루코사민은 관절 및 연골의 생성을 촉진하여 관절과 연골의 건강개선에 도움을 줄 수 있다. 앞서 식품의약품안전청은 2004년 글루코사민의 작용에 대한 과학적 근거를 검토하여 '글루코사민은 관절 및 연골 건강에 도움을 줄 수 있다'고 그 기능을 인정한 바 있다. 권장 1일 섭취량은 글루코사민 염삼염 혹은 글루코사민 황산염으로 1.5~2g 가량이다.

라) N-아세틸글루코사민

N-아세틸글루코사민은 키틴을 가수분해하여 얻는다. 관절 및 연골 건강과 피부 보습의 기능성이 인정되었으며, 관절 및 연골 생성을 돕고 분해를 억제하는 것으로 알려져 있다. 피부 보습 기능도 있다. 권장 1일 섭취량은 0.5~1g 정도이다. 키틴, 키토산과 마찬가지로 갑각류의 껍질을 원료로 하므로 게나 새우에 알레르기를 나타내는 사람은 섭취에 주의해야 한다.

[표 18] 기능성 당질 함유 식품들

3) 불포화 지방산

불포화 지방산은 이중결합 혹은 삼중결합을 가지고 있는 지방산을 말하며, 동물의 정상적인 발육과 유지에 필수적이나 체내에서 합성할 수 없는 다가불포화지방산을 필수지방산이라고 한다. 리놀레산, α-리놀렌산 및 아라키돈산이 이에 해당하며 모두 1,4-cis, cis-펜타디엔(pentadiene, -CH = CH-CH2-CH = CH-)의 부분구조를 갖는다. 다가불포화지방산은 n-3계열과 n-6계열로 분류되는데, n-3계열은 마지막에서 3번째 탄소에 불포화 결합이 있고, n-6계열은 6번째 탄소에 불포화 결합이 있다.

필수지방산은 여러 가지 생리작용을 나타내는 호르몬 유사물질인 프로스타글란딘과 트롬복산 등의 전구체로, 사람에서는 거의 결핍증상이 인정되지 않지만 유아에서는 결핍이 일어나는 수가 있다.

[그림 2] 포화 지방산과 불포화 지방산의 구조

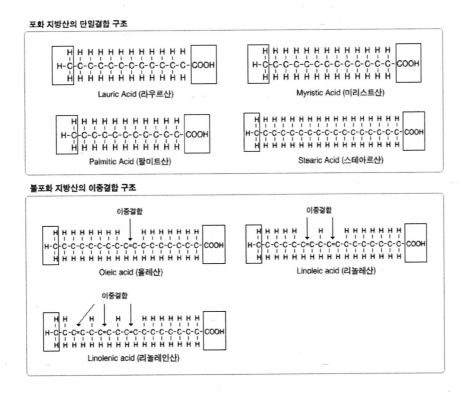

가) 리놀레산(linoleic acid)

리놀레산은 주로 식물성 기름에서 발견되는 간략하게 18: 2 (n-6)로 표기하는 폴리불포화 지방산이다. 리놀레산은 동물 체내에서 아실 글리코실 세라마이드의 구성 성분으로서 피부의 수분 투과 장벽을 유지하는데 생리학적 역할을 하며, 면실유와 참기름 등에 많이 들어있는 다가불포화지방산이다. 혈액 중의 콜레스테롤과 결합하여 배설시키는 성질을 가지고 있어 콜레스테롤의 침착에 의해 생기는 동맥경화증을 개선하는데 사용된다. 보통 참기름, 면실유 및 해바라기유에는 40~60%, 낙화생유, 올리브유에는 25%정도 함유되어 있다.

나) 알파리놀렌산

알파리놀렌산은 n-3계열의 불포화지방산으로, 체내에서 합성 할 수 없는 필수 지방산이다. 오메가3계 지방산으로 분류되며, 들깨 기름, 들깨 기름, 아마씨 기름에 많이 함유되어 있다. 주된 효능으로는 대장암의 발생을 억제하는 작용이 있으며, 그 외에도 암 발생 억제, 학습능력 향상, 알레르기와 고혈압 예방 등의 효과도 보고되었다.

다) 감마리놀렌산

 달맞이꽃 종자에 들어있는 지방산으로 탄소수 18, 3개의 이중 결합을 가진 n-6 계열의 불포화지방산이다. 감마리놀렌산은 체내에서 합성할 수 없는 오메가6 지방산의 일종으로 식품으로의 섭취가 꼭 필요한 영양소이다. 이는 주로 식물성 유지에서 그 성분이 발견되며, 감마리놀렌산을 함유한 대표적인 천연 식물 및 식품에는 달맞이꽃 종자유와 블랙커런트씨유, 보라지오일 등을 들 수 있다. 고콜레스테롤혈증과 고지혈증 예방, 아토피성 피부염 개선, 월경통 경감 등의 작용을 하며, 알코올 대사산물의 분해를 촉진하여 알코올 대사를 쉽게 하기도 한다.

라) 에이코사펜타엔산(EPA)

 에이코사펜타엔산는 탄소수가 20개이고 5개의 이중결합을 가진 n-3계열의 불포화지방산이다. 에이코사펜타엔산은 몸 안에서 생성되지 않기 때문에 음식물을 통해 섭취해야 하는데, 식물성 플랑크톤이나 해수산 클로렐라 등에 많이 함유되어 있다. 또 이를 먹는 어류 또는 이 어류를 먹이로 하는 물개 등 해양포유류의 몸에 축적되기도 한다. 주로 고등어, 꽁치, 참치 등의 등 푸른 생선에 많이 함유되어 있는데, 가장 많이 함유되어 있는 생선은 정어리라고 한다. 에이코사펜타엔산은 혈중 중성지방과 콜레스테롤의 농도를 낮추고, 혈압을 강하시키며, 혈소판 응집을 억제하고 혈액 점도를 낮추고 유동성을 높이는 기능을 한다. 또한 대장암과 전립선암을 억제하며, 뇌졸중·심장병·동맥경화·고혈압 등의 혈액 순환기계 질환을 예방하고 치료하는 효과를 나타낸다.

마) 도코사헥사엔산(DHA)

 탄소수가 22개이고 6개의 이중결합을 가지고 있는 n-3계열 불포화지방산이다. 참치, 정어리, 고등어, 방어, 꽁치, 장어 등 등푸른 생선에 다량 함유되어 있다. 에스키모인은 육식을 주로 하는 백인에 비해 심근경색증, 뇌혈전증 및 노인성 치매 등의 발생률이 현저히 적은 편인데 그 원인이 에스키모인의 주식인 생선에 함유되어있는 EPA와 DHA의 작용으로 밝혀졌다.

바) 가르시니아 캄보지아 추출물

 인도 남서부에서 자생하는 열대 식물인 가르시니아 캄보지아 열매의 껍질 부위에서 추출한 추출물이다. 동남아시아에서는 카레 등의 향신료로 사용되고, 남부 인디아 해안지역에서는 수세기 동안 돼지고기 및 생선의 산미제로서 사용되어 왔다. 껍질에는 HCA 성분이 함유되어있는데, HCA는 탄수화물에서 지방 합성을 억제하여 체지방을 감소시키며 식욕을 억제하는 효능이 있어 다이어트에 효과적인 것으로 알려져있다. 또한 가르시니아에 함유된 세로토닌은 적응 양으로 포만감을 느끼게 하며, 혈중 지방 함량과 콜레스테롤 수치를 낮춰 주어 혈관 건강에도 좋다.1일 권장 섭취량은 250~2,800mg이다.

사) 쏘팔메토 열매 추출물

 쏘팔메토란 미국 남동부 해안 지대, 주로 플로리다에서 자생하는 톱야자나무의 열매를 말한다. 건조된 쏘팔메토 열매에서 추출한 추출물로 쏘팔메토 열매 추출물은 남성 호르몬인 테스토스테론의 분해를 억제하여 야뇨나 배뇨속도 느림 등 전립선 건강과 관련된 불편함을 개선한다. 구체적으로는 전립선 염증, 성욕감퇴, 고환위축 등의 증상에 도움이 되는 강장성분이 있다고 알려져 있으며, 특히 전립선 비대증에 매우 큰 효과가 있다는 점이 매우 유명하다.권장 1일 섭취량은 320mg이며, 과다 섭취 시 메스꺼움이나 설사 등 소화기 계통의 불편함을 유발할 수 있으므로 주의해야 한다.

아) 루테인

 건조된 마리골드라는 식물의 꽃에서 추출한다. 비타민A의 효능을 더 증폭시켜주는 루테인은 눈 건강에 좋기로 유명하다. 루테인의 강력한 항산화 효능을 가지고 있어 노안, 녹내장 예방 등에 탁월하다. 눈 망막에는 황반이라는 부위가 있는데, 나이가 들면 눈이 노화되면서 안구의 황반 색소밀도가 감소되며 시력이 저하된다. 루테인은 황반 색소의 회복을 돕고 눈의 피로를 회복시키며 안구 건조증을 예방하는 작용을 하기도 한다. 루테인은 녹황색 채소나 과일 등에 많이 들어 있는 영양소로, 대표적으로는 당근, 양상추, 케일, 시금치, 파프리카, 귤 등이 있다. 권장 1일 섭취량은 10~20mg이다.

자) 스쿠알렌

스쿠알렌은 해저 300~1,000m의 심해층에 서식하는 심해상어의 간유에서 대량으로 발견되는 특별한 성분으로 탄소 30개와 수소 50개가 6개의 이중결합을 가진 불포화 탄화수소를 말한다. 또한 스쿠알렌은 올리브유, 옥수수유, 대구 간유 등에도 소량 들어 있다. 스쿠알렌은 항산화 작용에 효과가 있는데, 이는 활성산소를 제거하여 세포재생에 도움을 주어 노화방지에 좋고 피부미용에 효과적이다. 또한 스쿠알렌의 생리기능으로는 암 억제 효과, 유해물질의 배출 및 독성 완화작용, 위·십이지장궤양 치료촉진 효과, 콜레스테롤 조절 효과, 면역체계 강화 효과 등이 있다. 특히, 면역체계 강화 효과를 지닌 스쿠알렌은 면역력 보조제나 독감 백신의 원료로도 이용되고 있으며, 이미 일부 신종플루백신은 효과를 높이기 위해서 스쿠알렌을 원료로 사용하고 있기도 하다. 스쿠알렌의 이런 효능 때문에 일부 제약사는 스쿠알렌을 원료로 한 코로나 19 백신을 개발하겠다고 밝히기도 했다.

차) 레시틴

건강기능식품으로 이용되는 레시틴은 대두유를 여과하고 수소화하여 얻은 레시틴 검화물에서 유지를 추출하거나, 난황을 물이나 주정으로 추출하고 용매를 제거한 것을 말한다. 레시틴은 콜레스테롤의 흡수를 줄이고 배설을 증가시켜 혈중 콜레스테롤이 낮추는 기능을 하며, 달걀 노른자, 곡류, 옥수수 기름, 간장, 참기름, 작은 생선류, 콩 가공품 등에 다량 함유되어 있다. 1일 권장 섭취량은 1.2~18g 가량이다.

[표 19] 불포화 지방산 함유 식품들

4) 아미노산 및 단백질류

단백질(protein)은 다양한 기관, 효소, 호르몬 등 신체를 이루는 주성분으로, 몸에서 물 다음으로 많은 양을 차지한다. 단백질의 구성단위 물질은 아미노산이며, 아미노산은 단백질을 완전히 가수분해하면 생성된다, 단백질은 근육 조직의 구성성분이다. 호르몬이나 항체, 효소 구성에도 필요하며 체내 필수 영양성분이나 활성물질을 운반·저장하는 역할도 한다. 운동선수들만 섭취하는 건강기능식품이라 생각하기 쉽지만, 연령이 중년 이상일 경우 일반인들도 일정량(하루 60~70g)의 단백질을 꾸준히 섭취하는 것이 좋다.

가) 카제인 포스포펩티드

카제인 포스포펩티드(CPP)는 우유 카제인을 trypsin 등으로 가수분해하여 얻은 마크로펩티드로, 칼슘과 철의 흡수를 촉진시키는 작용을 한다. 이는 우유 중에도 함유되어 있어 칼슘 흡수를 도와주는데, 우유 중의 카세인에 단백질 가수분해 효소인 트립신을 작용시켜 얻어지는 분해물질로 포스포세린을 함유한 CPP가 존재하면 칼슘을 가용화시키므로 칼슘 흡수를 촉진할 수 있다.

나) 대두단백질

대두단백질은 말 그대로 콩에서 축출한 단백질 성분을 말한다. 대두단백질은 영양면에서도 좋은 단백질일 뿐만 아니라 혈중 콜레스테롤 수치를 낮추는 기능을 하기도 한다. 대두단백질을 섭취했을 경우, 정상 범위 내의 경우 혈중 콜레스테롤 수치가 낮아지지는 않았지만, 콜레스테롤 수치가 높은 사람의 경우에는 콜레스테롤이 줄어들었다. 또한 일명 '좋은 콜레스테롤'인 HDL은 그대로 유지하면서 '나쁜 콜레스테롤'인 LDL, VLDL 수치만을 낮추므로 더욱 좋은 식품이라고 할 수 있겠다. 실제로 1995년 동물성 단백질 대신 대두 단백질을 섭취하면 전체적인 혈중 콜레스테롤 수치를 낮추며, 특히 해로운 콜레스테롤인 저밀도지단백(LDL)콜레스테롤과 지방을 감소시킨다는 점이 연구를 통해 확인된 바 있다. 동시에 이로운 콜레스테롤인 고밀도지단백(HDL)콜레스테롤을 증가시키고 저밀도지단백(LDL)콜레스테롤을 감소시켜 심장병을 예방하는 점도 확인됐다. 또한 대두단백은 갱년기증후군에도 효과적인 것으로 보고되고 있으며, 대두 단백질은 다른 종류의 단백질과 달리 지방 연소제의 역할도 하는 것으로 알려졌다.

다) 정어리 펩타이드

 정어리펩타이드는 개별인정된 건강기능식품 원료로서 정어리의 육질부분만을 정제하여 효소분해 방법으로 얻어지는 펩타이드 분획을 분리, 정제 가공하여 제조한다. 정어리 육질의 단백질을 분해하여 만든 펩타이드로, 바릴티로신을 지표성분으로 한다. 바릴티로신은 신체의 혈압을 조절하는 매커니즘인 레닌-안지오텐신 시스템을 조절하여 혈압을 낮추는 기능을 가진다. 연구 결과 혈압이 높은 사람의 경우 정어리 펩타이드를 섭취했을 때 유의하게 혈압이 떨어졌으나, 혈압이 정상 범위에 있는 경우에는 혈압의 변동이 나타나지 않았다. 이와 같은 혈압개선 효능 외에도 정어리펩타이드는 혈중 콜레스테롤의 저하작용, 고지혈증 개선, 체지방 저하, 미네랄 흡수증진, 당뇨병 개선, 탈모방지 및 발모작용 등이 보고되고 있다. 권장되는 1일 섭취량은 250~400㎍이며, 고혈압 환자의 경우 의사와 상담한 후 사용해야 한다.

[표 20] 아미노산 및 단백질 함유 식품들

5) 발효미생물류

가) 프로바이오틱스

프로바이오틱스는 장내 유산균으로, 살아 있는 형태로 적정량을 섭취했을 때 체내 건강에 유익한 역할을 하는 미생물을 말한다. 여러 종류가 있지만 대표적인 것이 유산균이다. 한국건강기능식품협회에 따르면 건강기능식품 시장에서 돋보이는 기능성 원료가 바로 프로바이오틱스인데, 2016년 매출액 1,903억원에서 2022년 5,256억원으로 5년새 176%증가했다.[18] 프로바이오틱스는 장(腸) 내 환경을 산성으로 만들어 산성에서 견디지 못하는 유해균을 없애는 기능을 한다. 우리 몸 면역세포의 대부분(약 80%)은 장 점막에 있는데, 장 속에 유해균이 많으면 면역세포가 잘 활동하지 못해 아토피 등 자가면역질환이 생길 수 있다. 프로바이오틱스는 장 건강에 좋은 효능이 있기 때문에 유익한 유산균 증식과 장내세균 억제 또는 배변활동을 원할히 도와 변비에 좋은 음식으로 유명하다. 프로바이오틱스가 풍부한 대표적인 음식으로는 김치, 발효유 등이 있으며, 보조제품으로 프로바이오틱스를 선택할 때는 '락토바실루스', '비피도박테리움' 등 검증받은 균이 들어 있고, 균의 수가 10억 마리 이상이며, 위산이나 담즙에 녹지 않고 장까지 도달할 수 있도록 코팅된 것을 고르는 것이 좋다.

나) 홍국

'국(麴)'은 쌀, 대두 등 곡류에 사상균을 번식시켜 사상균의 당화력, 단백질 분해력으로 곡류를 발효시킨 것으로 '누룩'이라고도 한다. 홍국(紅麴)은 이름에서 알 수 있듯이 붉은 색을 띄는 누룩이다. 홍국은 일반 살을 쪄서 홍국균을 접종시켜 발효시킨 것으로 붉은 색을 띄는데, 홍국에 함유되어 있는 모나콜린 K라는 성분이 콜레스테롤 생합성 반응을 억제함으로써 콜레스테롤 수치를 낮추고 여러 혈관 질환을 예방한다. 권장되는 1일 섭취량은 총 모나콜린 K가 4~8mg으로 콜레스테롤 조절 관련 의약품을 섭취하고 있는 사람의 경우 반드시 의사와 상담 후 섭취해야 한다.

[표 21] 발효미생물류 함유 식품들

---

18) 프로바이오틱스 5년새 매출액 170% 증가, 신제품 속속 출시, 매경헬스

6) 페놀류

　벤젠 고리에 수산기(-OH)가 치환된 방향족 탄소 화합물을 페놀류라고 하며, 다양한 페놀류 중 폴리페놀(polyphenol)이 항산화 물질로 작용한다. 페놀류[19]에는 페놀을 비롯하여, 소독액에 함유되어 있는 크레졸, 사진 현상제로 사용되는 하이드로퀴논 등이 알려져 있다. 페놀류를 검출하는 데는 염화철(Ⅲ)의 수용액에 의하여 짙은 청자색이 되는 발색 반응(發色反應)이나, 브롬수에 의하여 백색 침전이 생기는 것으로 확인하는 방법 등이 있다.

　폴리페놀은 활성산소를 제거하여 DNA 변성을 막고, 세포 등 우리 몸을 보호하는 항산화 능력이 강하여 다양한 질병을 예방하는 효과를 나타낸다. 폴리페놀의 종류는 매우 다양한데 녹차에 든 카테킨, 포도주의 레스베라트롤, 양파에 함유된 퀘르세틴 등이 폴리페놀의 한 종류이다.

　　가) 코엔자임 Q10

　코엔자임 Q10은 에너지 대사에 중요한 역할을 하는 ATP(Adenosine triphosphate)를 생성해주는 필수 영양소로, 세포의 기능을 유지하기 위해 필요한 물질이다. 비타민 E와 유사작용을 하여 비타민Q라고도 불리며, 피로회복과 항산화 작용에 도움을 준다. 또한 항산화 기능과 더불어 혈압 관리에도 도움을 준다고 알려져 있어, 고혈압 질환을 가진 환자가 섭취하면 혈압을 낮춰줄 수 있다. 더불어 코엔자임 Q10은 피로회복, 체중감량, 우울증 개선 등에도 효과가 있으며, 면역력을 증가시키고 류마티스 관절염에도 도움을 준다.[20] 코엔자임 Q10은 노화가 진행되거나 만성질환이 있는 경우 감소하게 된다. 권장되는 1일 섭취량은 90~100mg이다.

　　나) 녹차 추출물

　녹차의 대표적인 성분은 카테킨인데, 대표적인 항산화 성분이며 체지방 감소, 혈중 콜레스테롤 개선에 도움을 준다. 그 외에 충치방지, 구취제거 등의 효과를 나타낸다. 또한 최근 순천향대서울병원 피부과 교수팀의 논문에 따르면, 항산화 효과와 콜레스테롤, 혈당을 낮추는 것으로 알려진 녹차추출물이 여드름 치료에도 도움을 준다는 연구도 나왔다.[21] 그러나 녹차에는 카페인이 함유돼 있으므로 초초감이나 불면 등의 부작용이 나타날 수 있으므로 주의해야 한다. 일일섭취량은 카테킨으로서 300~1,000mg로, 이는 녹차 3잔~20잔 정도에 해당한다.

19) [네이버 지식백과] 페놀류 (식물학백과)
20) 코엔자임 Q10, 중장년층 필수영양제라 불리는 까닭, 경기일보, 2019.04.22
21) 몸에 좋은 녹차추출물, 여드름 치료에도 효과적, 헬스조선, 2020.09.17

다) 대두이소플라본

대두이소플라본은 대두 배아를 열수 추출하여 만들며, 다이드진, 제니스테인 등의 성분을 함유하고 있다. 대두이소플라본은 뼈의 분해를 막아 뼈 건강에 도움을 준다. 권장 1일 섭취량은 25~27mg이며, 임산부와 수유부, 영유아, 어린이는 섭취를 삼가야 한다. 또한 갑상선, 유방암, 자궁내막암 및 방광암 환자 들은 섭취에 주의를 가하는 것이 좋다.

[표 22] 페놀류 함유 식품들

7) 터핀류

테르펜[22] 또는 테르페노이드는 생물체가 만들어내는 유기화학 물질 군 중에서 가장 큰 그룹의 하나로서, 현재까지 알려진 천연물의 약 60%가 테르페노이드에 속한다. 테르페노이드의 기본 단위 구조인 이소프렌(isoprene, C5) 물질이 배수로 중합되고 변형되어 만들어지므로 이소프레노이드(isoprenoids)라고 불리기도 한다. 식물은 주로 테르펜을 식물 간 또는 동물을 유인하는 휘발성 신호 분자로 생성하거나, 미생물 및 초식 동물에 대한 방어 및 공격 물질로 사용한다.
터핀은 신체에 흡수되면 신진대사를 활성화시키고 활혈, 항균, 항산화 작용을 한다. 또한 심리를 안정시키는 작용을 하기도 한다. 테르펜이라고도 부른다.

가) 클로렐라

클로렐라는 플랑크톤의 일종인 녹조류 생물이다. 클로렐라는 몸에서 항산화 작용을 하며, DNA 손상을 억제하여 암 발생을 낮추고 피부건강에 도움을 준다. 권장되는 1일 섭취량은 8~150mg이며, 이 이상으로 섭취하는 것은 권장되지 않는다. 또한 총 엽록소로 1일 섭취량이 125mg일 때 면역기능 증진에도 도움을 줄 수 있다.

---

22) [네이버 지식백과] 테르펜류 [terpene] (식물학백과)

[그림 3] 클로렐라

8) 기타 소재

가) 홍삼

가공하지 않은 인삼을 찌고 말리면 홍삼이 된다. 홍삼의 중요 유효성분은 진세노사이드로, 우리나라에서 파는 홍삼이 건강기능식품으로 인정받으려면 진세노사이드 'Rg1' 성분과 'Rb1' 성분의 합이 0.8~34mg/g이 되어야 한다. 홍삼의 주요 기능은 피로회복, 면역력 증진, 혈액순환에 도움을 준다. 그 외에 항산화작용을 통해 피부미용에 도움을 주거나, 정자의 양과 질을 높여준다는 연구도 있다. 고혈압약과 홍삼·인삼을 장기간(2~4주) 함께 먹으면 홍삼·인삼이 고혈압의 혈중 농도를 높일 수 있으므로 주의가 필요하며, 임신부도 복용을 피하는 것이 좋다.

나) 인삼

홍삼과 마찬가지로 인삼의 주요 유효성분은 진세노사이드로, 그 효능도 크게 다르지 않다. 피로회복, 면역 기능 증진과 함께 남성 정자 수를 늘리고 운동성을 높이는 등의 효과를 가진다. 인삼을 먹으면 항응고제인 와파린의 효과가 감소되므로 관련 약을 복용하고 있다면 인삼 섭취를 금하는 것이 권장된다.

다) 밀크씨슬 추출물

밀크씨슬은 엉겅퀴과 식물의 일종으로, 실리마린이라는 성분을 함유하고 있다. 실리마린은 항산화 작용을 통해 간세포를 보호하고 간의 해독작용을 도와 간 건강에 도움을 준다. 밀크씨슬은 간이 약을 분해하는 속도를 저하시켜 약물이 과잉 효과를 내게 할 수 있고, 혈당강하제와 함께 먹으면 인슐린 민감성을 향상시킬 수 있어 약물 복용 시 섭취하지 않는 것이 좋다.

라) 알로에

 알로에에는 안드로퀴논이란 성분이 들어있는데, 안드로퀴논은 위나 소장에는 흡수되지 않고, 대장에서만 활성화된다. 이 성분은 대장 벽을 자극해 변비를 개선하는 효과가 있다. 또한 알로에가 함유한 여러 종류의 탄수화물 성분 중 아세틸레이티드만난이라는 성분이 병원균을 제거하는 대식세포 생산을 촉진·활성화하여 면역 기능 조절에 영향을 주기도 한다. 생(生)알로에 겔이나 수액을 4개월 이상 계속하여 섭취될 경우 대장 벽이 심하게 자극되므로 주의하는 것이 좋다.

　　　마) 프로폴리스추출물

 프로폴리스는 꿀벌이 식물에서 채취한 수지에 자신의 분비물을 혼합해 만든 것이다. 항산화 효과를 가지며, 구강 내 항균작용에 도움을 준다. 꿀에 알레르기가 있다면 프로폴리스추출물 섭취에 주의하는 것이 좋다.

　　　바) 엠에스엠(MSM)

 MSM은 소나무로 펄프를 만들 때 생성되는 데메틸설폭사이드를 원료로 하여 만드는 식이유황이다. 염증이 줄어들어 다양한 통증을 완화시키며 특히 관절 건강과 관련된 불편함을 개선하는 데 도움이 되나 관절염 치료의 목적으로는 사용될 수 없다. 권장되는 1일 섭취량은 1.5~2.0g이다.

[표 23] 홍삼, 프로폴리스, 알로에

04

건강기능식품 산업 현황

4. 건강기능식품 산업현황

가. 국내

1) 시장 규모확대와 그 요인[23]

국내 건강기능식품 시장 규모가 2022년 기준 6조원을 넘었다. 이는 2021년 대비 8% 성장한 수치로 2019년 4조 8000억 원에서 4년만에 25% 가까이 성장한 수치다. [24]

건강기능식품 시장의 규모는 2019년 4조 8천억 원에서 연평균 20.9% 성장하여 2025년에는 10조 7,796억 원에 이를 전망다.

[그림 7] 국내 건강기능식품 시장규모 [25]

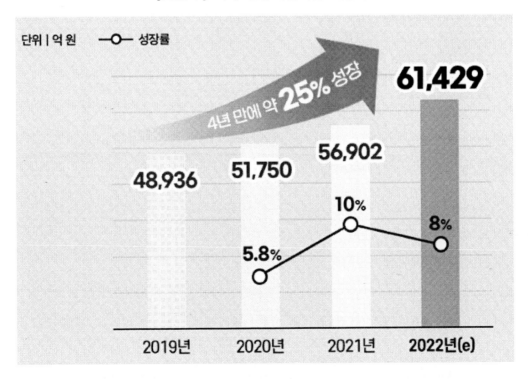

한국건강기능식품협회에 따르면, 2022년에 건강기능식품을 구매한 경험이 있는 구내 소비자는 82.6%로 2021년도 81.9%에서 0.7% 상승했다. 10가구 중 8가구(81.1%) 이

---

23) 국내 건강기능식품 시장 규모 5조…5년 새 20% 확대/ 식품저널 푸드뉴스
24) 올해 건강기능식품 시장 규모 6조원 돌파…4년만에 25% ↑,스포츠조선
25) 4년 만에 약 25% 성장?! 국내 건강기능식품 시장 현황과 2023 트렌드, 대웅제약 뉴스룸

상이 1년에 한 번 이상 건강기능식품을 구매한다고 답했으며, 가구당 평균 구매액은 35만8,000원으로 3년간 소비력이 지속적으로 향상된 것으로 나타났다.

전체 건강기능식품 시장을 직접 구매 및 선물 시장으로 구분했을 때 각 비중은 71.1%, 28.9%로 집계됐다. 작년 위드 코로나로 잠시 반등했던 선물 시장이 안정화에 접어들며, 올해는 선물 보다 직접 제품을 구매하는 경향을 보인 것으로 협회는 분석했다.

 2022년 가장 많이 판매된 기능성 원료(구매액 기준)는 홍삼, 비타민(종합 및 단일 비타민), 프로바이오틱스, EPA-DHA 함유 유지(오메가-3) 순으로 전년과 비교해 비타민과 오메가-3 시장의 비중이 커졌으며, 단백질보충제 시장도 액티브 시니어 시장의 영향으로 성장세를 보였다. 특히 기타 시장(복합 제품 및 기능성 원료 시장)의 경우, 홍삼 시장에 준하는 1조4000억원 규모를 형성할 것으로 예측됐다. [26]

[그림 8] 기능성 원료별 시장 구조

기능성 원료별 시장 구조(금액 기준/5개년)

원료명	2017년	2018년	2019년	2020년	2021년(e)
홍삼	14,476	15,093	14,397	14,018	13,808
프로바이오틱스	4,657	5,424	7,415	8,285	8,420
비타민(종합+단일)	6,640	6,399	6,483	6,581	6,337
EPA 및 DHA 함유 유지	2,015	2,139	2,114	2,272	2,457
체지방감소제 품	1,443	1,602	1,449	1,623	1,630
콜라겐	228	262	427	834	1,065
단백질보충제	433	352	637	890	815
마리골드꽃추출물	945	1,200	1,387	1,011	701
프로폴리스	552	498	535	707	636
당귀추출물	1,102	1,377	1,000	966	558
밀크씨슬추출물	630	640	592	489	477
기타	4,744	5,663	7,011	8,524	10,721

 이들의 합산 시장규모는 체의 61.4%였고, 프로바이오틱스와 EPA-DHA 함유 유지 시장은 규모적 성장을 꾸준히 이어갈 것으로 전망됐다.

---

26) 건기식 시장규모 6조원 돌파…전년보다 8% 성장, 히트뉴스

후 순위인 체지방 감소 제품, 콜라겐 시장은 규모가 모두 확대됐다. 특히, 콜라겐은 5년 전보다 4.6배 성장할 것으로 나타났다.

또, 특정 기능성 원료로 분류가 어려운 기타 제품은 복합 제품 및 신규 기능성 원료 출시가 이어지면서 올해 1조원 이상 규모를 형성할 것으로 예측됐다.

건기식협회 관계자는 "국민이 건강기능식품에 기대하는 건강상 편익이 증대되고 또 다양해지면서, 전체 시장뿐 아니라 개별 원료가 고르게 성장할 수 있었던 한 해였다"면서, "빠른 성장 속도에 걸맞은 경쟁력 또한 갖출 수 있도록 필요한 산업 지원책을 고민하고 추진해나가겠다"고 말했다.

2) 무역 현황[27][28]

2021년도 건강기능식품의 생산실적은 2조 7,120억 원으로 전년 대비 19.8%증가했고, 매출액은 4조 321억원으로 전년대비 21.3% 증가하여성장하는 모습을 보였다.

홍삼이 가장 높은 점유율로 22.7%를 차지하고 있으나 개별인정형 원료가 전년 대비 23.6%가량 늘어나 건기식 시장의 새로운 기능성 소재로 주목받고 있다.

개별인정형 원료 가운데 2020년 생산실적 기준 매출액 300억 원이 넘는 상위 5개 품목으로는 △헤모힘 당귀 등 혼합추출물(면역 개선) △헛개나무과병추출분말(간 건강) △락추로스 파우더(장 건강) △황기추출물 등 복합물(어린이 키 성장)△루테인지아잔틴 복합추출물 20%(눈 건강) 등이다.

[그림 9] 건강기능식품 생산실적

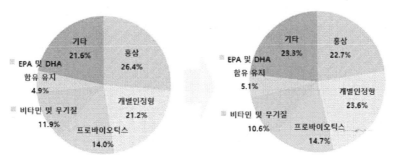

출처: 식품의약품안전처(2021, 2022 발표)

---

27) 2021 식품등의 생산실적, 식품의약품안전처
28) 2020 수입식품 등 검사연보, 식품의약품안전처, 2020

개별인정형 상위 10개 품목 최근 3년 매출액

(매출액, 점유율 : 억 원, %)

구분	2019	2020	2021
헤모힘 당귀등 혼합추출물	926(16.9)	1,195(18.3)	1,382(16.3)
헛개나무과병추출분말	945(17.2)	821(12.5)	813(9.6)
루테인지아잔틴복합추출물	115(2.1)	279(4.3)	810(9.6)
황기추출물 등 복합물	367(6.7)	461(7)	619(7.3)
락추로스 파우더	802(14.6)	493(7.5)	345(4.1)
저분자콜라겐펩타이드	156(2.9)	278(4.2)	331(3.9)
초록입홍합추출오일복합물	6(0.1)	22(0.3)	314(3.7)
보스웰리아 추출물	71(1.3)	8(0.1)	271(3.2)
시서스추출물	62(0.7)	230(3.5)	239(2.8)
리스펙타 프로바이오틱스	―	73(0.9)	235(2.8)

[그림 10] 개별인정형 상위 10개 품목 매출액

전체 개별인정형 품목 중 16.3%를 차지한 헤모힘 당귀등 혼합추출물의 매출액은 전년보다 16% 증가한 1,382억 원을 기록했다. 면역 기능성에 대한 효과가 입소문을 타면서 생산량의 절반가량을 수출하고 있다.

알코올성 손상으로부터 '간을 보호하는 데 도움을 줄 수 있다'는 기능성원료인 헛개나무과병추출분말은 813억 원으로 매출액 2위에 올랐으며, 루테인지아잔틴복합추출물은 810억 원으로 그 뒤를 이었다.

특히 어린이 키 성장에 도움을 준다고 알려진 황기추출물 등 복합물을 주원료로 사용한 어린이 키 성장 제품군은 최근 어린이 건강기능식품 시장에서 주목을 받고 있으며, 작년 판매사들의 제품 매출액도 전년보다 34.3% 증가한 619억 원을 기록해 주목을 끈다.

실제 어린이와 청소년을 대상으로 한 건강기능식품 시장은 2020년 기준 약 5000억 원을 넘길 정도로 시장 규모가 확대되고 있다. 식약처가 '어린이 키 성장' 관련 최초로 기능성과 안전성을 인정하고 허가한 황기추출물 등 복합물은 일상 섭취에 부담이 없는 천연 성분을 찾아 나선 소비자들이 어린이 키 성장에 대한 효과를 봤다는 입소문을 타고 올해 특히 유관 제품군들의 라인업이 빠르게 확장됐다.

업계 관계자는 "건기식기업의 전문성으로 가장 핵심으로 꼽는 것이 개별인정형 원료

에 대한 독점권 확보 여부"라며 "개별인정형 원료는 원료 발굴부터 인체적용시험, 과학적 실험 등 검증 단계에 이르기까지 많은 시간과 자금이 소요돼 지속적인 투자를 통해 건기식 분야에서 신규 시장을 창출할 수 있다"고 말했다.[29]

[표 24] 건강기능식품 수입 연도별 추이[30]

연도	수입액(억원)	전년대비 성장률(%)	수입액(만달러)	전년대비 성장률(%)	수입중량(톤)	수입중량(톤)
2017	5,744	2.0	50,828	0.6	11,040	20.8
2018	6,727	17.1	61,097	20.2	13,491	22.2
2019	9,176	36.4	78,696	28.8	16,066	19.1
2020	10,763	17.3	91,214	15.9	19,824	23.4
2021	12,568	16.8	109,861	20.4	23,076	16.4
연평균 성장률(%)	16.7	4.4	16.5	25.6	15.9	10.9

2021년만 집중적으로 살펴보면, 수입액은 10억9,861만달러로 작년에 비해 20.4% 증가하였으며, 수입중량은 2만3,076톤으로 전년대비 16.4% 증가하였다.

주요 품목은 복합영양소제품(비타민/무기질), 영양소·기능성복합제품, 개별인정원료, 프로바이오틱스, EPA 및 DHA 함유 유지 순이다. 가장 많은 비중을 차지하는 복합영양소제품(비타민/무기질)은 5,514톤(23.9%)의 수입량을 보였다. 이어 영양소·기능성복합제품이 3,430톤(1439%), 개별인정원료가 1,917톤(8.3%), 프로바이오틱스가 404톤(1,7%) 등의 순으로 나타나 홍삼을 제외한 국내 생산실적 상위 제품과 유사했다. 이는 소비자에게 인기 있는 제품군이 수입액도 많다는 것을 의미한다.

[표 25] 건강기능식품 수입 상위 5개 품목별 현황[31]

순위	품목유형	수입액(억원)	점유율(%)	수입량(톤)	점유율(%)
	계	12,568	100.0	23,076	100.0
1	복합영양소제품	3,087	24.6	5,514	23.9
2	영양소·기능성복합제품	2,345	18.7	3,340	14.9
3	개별인정원료	1,584	12.6	1,917	8.3
4	프로바이오틱스	1,444	11.5	404	1.7
5	EPA 및 DHA 함유 유지	960	7.6	2,502	10.8
누계 (5품목)		6,114	75.0	13,767	59.7

---

29) 건기식 생산 16.3% 증가 2조 2640억 규모…개별인정형 제품 시장 견인/ 식품음료신문
30) 2021 식품 등의 생산실적 보고서, 식품의약품안전처 및 식품안전정보원
31) 2021 식품 등의 생산실적 보고서, 식품의약품안전처 및 식품안전정보원

[표 26] 건강기능식품 수입 제조국별 현황[32]

순위	국가명	수입액		
		만달러	억원	점유율(%)
	계	98,231.3	11,237.6	89.4
1	미국	52,956.8	6,058.3	48.2
2	독일	12,881.7	1,473.7	11.7
3	캐나다	9,916.5	1,134.5	9.0
4	인도	6,302.4	721.0	5.7
5	대만	3,655.9	418.2	3.3

수입국 1위는 미국으로 전체의 48.2%를 차지하였고, 독일>캐나다>인도>대만 순으로 상위 5개국이 전체의 78.0%를 점유하고 있다.

3) 업체 현황[33][34]

2021년 총 매출액은 4조 321억원으로 전년대비 21.3% 증가하였고, 총 매출량은 14만 3,412톤으로 전년대비 81.0% 증가하였다.

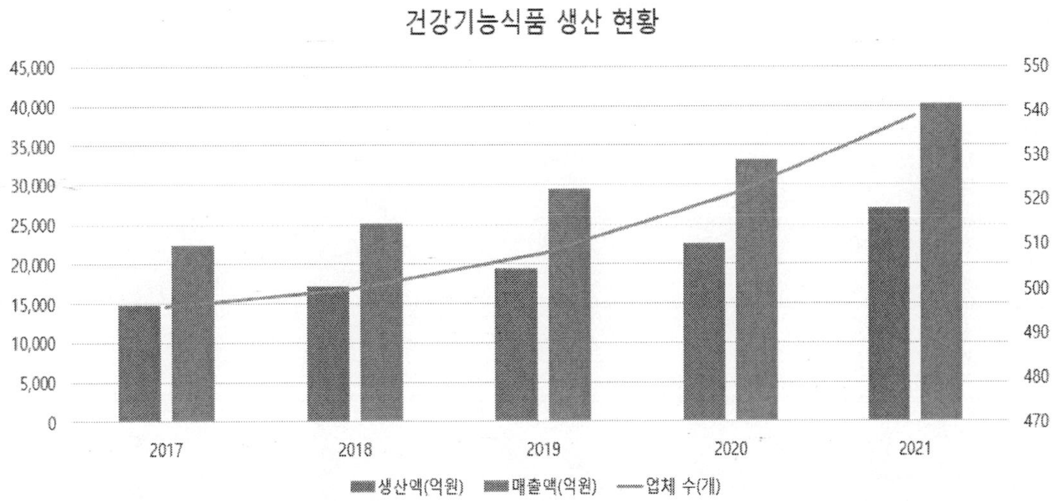

[그림 11] 건강기능식품 생산 현황

---

32) 2021 식품 등의 생산실적 보고서, 식품의약품안전처 및 식품안전정보원
33) 2021 식품등의 생산실적, 식품의약품안전처
34) 식품 및 식품첨가물 생산실적, 식품의약품안전처,식품안전정보원,2020

[그림 12] 건강기능식품 생산 현황 / 식품의약품안전처

구 분	업체 수	생산액 (억원)	생산량 (톤)	총 매출액 (억원)	총 매출량 (톤)	내수용		수출용	
						판매액 (억원)	판매량 (톤)	판매액 (억원)	판매량 (톤)
2017	496	14,819	45,649	22,374	47,725	21,297	45,259	1,077	2,466
2018	500	17,288	52,771	25,221	48,668	23,962	45,309	1,259	3,359
2019	508	19,464	71,681	29,508	70,469	28,081	67,196	1,427	3,273
2020	521	22,642	76,696	33,254	79,230	30,990	72,951	2,264	6,279
2021	539	27,120	136,915	40,321	143,412	38,015	136,963	2,306	6,449
'21년 전년대비 성장률(%)	3.5	19.8	78.5	21.3	81.0	22.7	87.7	1.9	2.7
'17~'21 연평균 성장률(%)	2.1	16.3	31.6	15.9	31.7	15.6	31.9	21	27.2

지역별 현황을 살펴보면 2021년 기준, 경기지역의 업체수가 가장 많았으며, 그 뒤를 이어 충남, 충북, 전북, 강원의 순으로 나타났다.

지역	업체 수	비율(%)
계	539	100.0
경기	144	26.7
충남	93	17.3
충북	84	15.6
전북	43	8.0
강원	38	7.1
서울	22	4.1
전남	22	4.1
경북	20	3.7
경남	18	3.3
인천	11	2.0
제주	9	1.7
대전	8	1.5
부산	8	1.5
세종	8	1.5
대구	7	1.3
울산	2	0.4
광주	2	0.4

[그림 13] 건강기능식품 지역별 업체 현황 / 식품의약품안전처

상위 3개 지역의 비율이 60%로 지역편중 현상이 심한 것을 알 수 있다.

종사자 현황을 살펴보면 건강기능식품 제조업체에서 근무하는 종사자의 수는 총 20,615명이다. 이 중, 경기지역의 종사자 수가 5,979명으로 가장 많았으며, 이어서 충북, 충남, 강원, 전북의 순으로 나타났다.

지역	종사자 수	비율(%)
계	20,615	100.0
경기	5,979	29.0
충북	4,735	23.0
충남	3,085	15.0
강원	1,667	8.1
전북	1,266	6.1
경남	734	3.6
전남	556	2.7
경북	544	2.6
인천	486	2.4
서울	361	1.8
세종	298	1.4
부산	275	1.3
제주	246	1.2
울산	157	0.8
대전	144	0.7
대구	64	0.3
광주	18	0.1

[그림 14] 건강기능식품 지역별 종사자 현황 / 식품의약품안전처

구분	업체 수		총 매출액	
	개소	비율(%)	억원	비율(%)
계	539	100.0	40,321	100.0
1~5인	96	17.8	224	0.6
6~10인	93	17.3	512	1.3
11~20인	129	23.9	1,642	4.1
21~30인	44	8.2	1,016	2.5
31~50인	52	9.6	2,567	6.4
51~80인	52	9.6	6,564	16.3
81~100인	22	4.1	3,325	8.2
101~150인	24	4.5	4,610	11.4
151~200인	14	2.6	8,803	21.8
201~300인	8	1.5	5,452	13.5
301~500인	5	0.9	5,607	13.9
501~1,000인	-	-	-	-
1,001인 이상	-	-	-	-

[그림 15] 건강기능식품 사업장 규모별(종사자) 현황 / 식품의약품안전처

종사자 규모별 현황을 살펴보면 20인 이하의 소규모 업체의 사업체 수 비중은 전체의 59.0%이지만 매출액은 전체의 5.9%에 불과한 것으로 나타났다.

지역별 GMP업체 현황을 살펴보자면, 2020년 GMP업체는 393개소이며, 전년에 비하여 61개소가 증가하였다. GMP업체는 경기지역에 115개소가 있어 전국에서 가장 많으며, 뒤를 이어서 충남, 충북, 전북, 강원의 순으로 GMP업체수가 많이 분포하고 있는 것으로 나타났다.

연도	전체 업체	전문제조업	GMP업체	GMP 지정 비율(%)
2019	508	443	320	72.2
2020	521	454	393	86.6
2021	539	462	454	98.3

[그림 16] 건강기능식품 연도별 GMP업체 현황 / 식품의약품안전처

(단위 : 개소)

지역	전체 업체	전문제조업	GMP 지정 업체	GMP 지정 비율[1](%)
계	539	462	454	98.3
경기	144	118	115	97.5
충남	93	90	89	98.9
충북	84	83	80	96.4
전북	43	39	38	97.4
강원	38	32	32	100.0
전남	22	19	19	100.0
서울	20	18	18	100.0
경북	18	17	17	100.0
경남	11	10	10	100.0
인천	8	8	8	100.0
제주	9	7	7	100.0
세종	8	7	7	100.0
부산	7	5	5	100.0
대전	22	4	4	100.0
대구	8	3	3	100.0
울산	2	2	2	100.0
광주	2	-	-	--

주1) GMP 지정 비율은 전문제조업 대비 GMP업체 비율임

[그림 17] 건강기능식품 지역별 GMP업체 현황 / 식품의약품안전처

2021년 GMP업체의 매출액은 전년대비 21.6% 증가하였으며, 전체 매출액대비 비중도 전년보다 0.3% 증가한 98.4%로 나타났다. 또한, GMP업체의 매출액은 충남지역이

가장 높았으며, 이어서 충북, 강원, 경기, 세종의 순서로 나타났다.

(단위 : 억원)

연도	전체 매출액	GMP업체 매출액	비율(%)
2019	29,508	28,652	97.1
2020	33,254	32,620	98.1
2021	**40,321**	**39,664**	**98.4**

[그림 18] 건강기능식품 연도별 GMP업체 매출현황 / 식품의약품안전처

매출 규모별 GMP업체 현황을 살펴보면, 매출액 10억 미만의 GMP업체는 276개소 (60.8%)로 나타났지만, 전체 GMP업체 매출액 대비 비중은 1.3%에 불과하였다.

[그림 19] 건강기능식품 지역별 GMP업체 매출현황 / 식품의약품안전처

(단위 : 억원)

지역	전체 매출액	GMP 업체 매출액	비율(%)
계	40,321	39,664	98.4
충남	10,228	10,215	25.8
충북	10,122	10,122	25.5
경기	9,134	9,069	22.9
강원	6,712	6,710	16.9
세종	1,485	1,485	3.7
전북	705	702	1.8
서울	402	402	1.0
인천	320	320	0.8
인천	255	255	0.6
전남	204	204	0.5
경북	82	71	0.2
대전	60	46	0.1
부산	37	37	0.1
제주	18	18	0.0
대구	26	5	0.0
울산	533	4	0.0
광주	-	-	-

이를 통해 GMP업체 역시 전체 업체와 마찬가지로 영세한 특성을 가지고 있음을 알수 있다.

구분	GMP 업체 수		총 매출액	
	개소	비율(%)	억원	비율(%)
계	454	100.0	39,664	100.0
생산실적없음	96	21.1	-	-
1억원 미만	75	16.5	27	0.1
1~5억원 미만	65	14.3	172	0.4
5~10억원 미만	40	8.8	300	0.8
10~20억원 미만	42	9.3	572	1.4
20~50억원 미만	61	13.4	2,054	5.2
50~100억원 미만	28	6.2	1,980	5.0
100~300억원 미만	20	4.4	3,569	9.0
300~500억원 미만	11	2.4	4,394	11.1
500~1,000억원 미만	5	1.1	3,584	9.0
1,000~2,000억원 미만	8	1.8	11,852	29.9
2,000~5,000억원 미만	2	0.4	5,946	15.0
5,000~1조원 미만	1	0.2	5,214	13.1

[그림 20] 건강기능식품 규모별 GMP업체 매출현황 / 식품의약품안전처

4) 품목과 기능성 기준에 따른 생산현황[35]

가) 품목별 현황

2021년 말 기준으로 신고된 품목은 33,456개이며, 그 중 11,554개 품목이 판매되었다. 1억원 미만의 소규모 품목(8,536개, 25.5%)이 전체 매출액의 7.3%를 차지하고 있으며, 100억 이상의 품목(56개, 0.2%)이 전체 매출액의 44.7%로 나타났다.

---

35) 2021년 건강기능식품 생산실적, 식품의약품안전처

구분	품목 수		총 매출액	
	개수	비율(%)	억원	비율(%)
계	33,456	100.0	40,321	100.0
생산실적없음	21,379	63.9	0	-
0.5억원 미만	6,464	19.3	1,485	3.7
0.5~1억원 미만	2,072	6.2	1,467	3.6
1~1.5억원 미만	929	2.8	1,132	2.8
1.5~2억원 미만	572	1.7	983	2.4
2~3억원 미만	574	1.7	1,403	3.5
3~5억원 미만	556	1.7	2,135	5.3
5~7.5억원 미만	285	0.9	1,743	4.3
7.5~10억원 미만	147	0.4	1,269	3.1
10~30억원 미만	327	1.0	5,353	13.3
30~50억원 미만	44	0.1	1,679	4.2
50~100억원 미만	51	0.2	3,651	9.1
100억원 이상	56	0.2	18,023	44.7

[그림 21] 건강기능식품 매출 규모별 품목 및 매출액 현황 / 식품의약품안전처

나) 기능성별 현황

기능성별 매출 현황을 살펴보면, 2020년을 기준으로 3,325,388,036 원의 매출을 기록한 홍삼이 가장 높은 비중을 차지하였다.

품목명	생산현황			매출현황			
	생산능력(T)	생산량(T)	생산액(천원)	국내판매량(T)	국내판매액(천원)	수출량(T)	수출액($)
소 계	4,645,753	112,927	2,072,823,346	118,028	3,032,291,135	2,453	133,765,330
비타민 및 무기질	1,184,004	8,011	286,545,437	15,649	316,077,690	420	16,888,615
식이섬유	3,731	13	175,593	10	271,476	0	17,333
단백질	38,880	1,644	27,362,317	1,540	55,160,971	76	1,975,989
필수 지방산	473	4	395,751	4	977,542	-	-
인삼	10,221	74	7,032,518	46	3,459,685	27	5,369,166
홍삼	735,021	14,816	615,347,837	13,984	991,889,850	456	48,321,410
엽록소 함유 식물	1,292	6	230,396	6	303,032	-	-
클로렐라	9,212	362	5,648,746	74	2,650,635	284	3,840,401
스피루리나	14,140	70	3,312,638	76	3,948,065	0	2,860
녹차추출물	36,812	297	23,323,313	278	20,606,510	4	313,621
알로에 전잎	26,674	244	15,965,729	217	17,700,997	5	539,944
프로폴리스추출물	69,816	366	21,940,353	340	27,192,092	8	572,312
코엔자임Q10	22,439	91	18,746,462	64	15,189,696	26	7,501,645
대두이소플라본	2,084	14	1,539,366	14	1,997,794	0	77,186
구아바잎 추출물	201	0	14,571	0	23,586	-	-
바나바잎 추출물	21,554	28	2,259,395	26	2,900,695	1	39,590
은행잎 추출물	25,121	52	6,207,017	55	9,729,784	1	99,531
밀크씨슬(카르두스 마리아누스) 추출물	149,683	735	39,370,937	627	45,996,293	42	2,313,796
달맞이꽃종자 추출물	112	0	157,271	6	476,379	-	-
감마리놀렌산 함유 유지	12,609	79	8,605,939	75	11,975,877	2	203,106

[그림 22] 건강기능식품 품목 유형별 현황 / 식품의약품안전처

품목명	생산현황			매출현황			
	생산능력(T)	생산량(T)	생산액(천원)	국내판매량(T)	국내판매액(천원)	수출량(T)	수출액($)
레시틴	362	4	827,993	3	743,913	-	-
스쿠알렌	759	20	1,311,006	18	3,122,535	1	81,653
알콕시글리세롤 함유 상어간유	668	24	2,643,366	21	5,993,001	0	108,519
옥타코사놀 함유 유지	8,676	19	2,231,902	18	3,959,462	-	-
매실추출물	156	2	60,552	-	-	-	-
공액리놀렌산	6,908	52	3,029,537	24	2,029,104	27	1,117,458
가르시니아캄보지아 추출물	268,339	1,683	39,428,251	1,190	47,610,249	58	1,355,050
헤마토코쿠스 추출물	2,870	7	1,645,323	7	1,840,358	-	-
쏘팔메토 열매 추출물	20,373	241	36,818,996	307	43,677,458	3	176,497
포스파티딜세린	9,100	25	4,820,125	24	5,833,896	1	119,636
글루코사민	11,430	80	2,686,867	71	2,186,070	5	316,014
뮤코다당.단백	651	1	94,096	1	80,880	-	-
구아검/구아검가수분해물	2,592	103	2,018,078	86	6,040,506	0	11,046
귀리식이섬유	2,808	110	2,378,812	92	3,158,011	-	-
난소화성말토덱스트린	216,755	3,111	18,964,396	2,918	26,427,825	17	669,345
이눌린/치커리추출물	42,108	25	671,543	35	893,755	-	-
차전자피식이섬유	97,630	737	18,439,674	678	24,417,620	65	1,564,754
폴리덱스트로스	22,930	484	2,184,887	463	2,592,760	-	-
알로에 겔	106,092	2,157	28,980,891	2,150	34,782,837	9	1,085,807
영지버섯 자실체 추출물	196	0	9,286	-	-	2	22,868
키토산/키토올리고당	9,252	54	3,456,139	81	4,916,196	0	5,006
프락토올리고당	124,023	4,546	79,465,413	4,539	158,706,515	57	987,412
프로바이오틱스	787,981	65,744	397,873,035	66,006	730,945,922	547	32,099,423
홍국	24,717	6	759,489	6	925,724		

[그림 23] 건강기능식품 품목 유형별 현황 / 식품의약품안전처

5) 소비 동향

가) 연도별 소비 동향

2000년대 초·중반에는 기초 영양소 및 특정 성인병 위주 개선 효과를 가진 건강기능식품이 선호되는 현상이 나타났으나, 2000년대 후반으로 접어들면서 점차 질병 예방 및 건강관리 관련 제품이 선호되기 시작했다. 2010년 이후에는 여성 및 어린이 건강으로 소비자의 관심 대상이 확대되어 어린이 키 성장, 여성 질 건강, 월경 전 불편감 개선, 수면의 질 개선 등이 신규 기능성으로 인정받았다.

건기식협회가 2022년 6월20일부터 7월4일까지 국내 소비자를 대상으로 실시한 실태조사에 따르면, 전체 응답자 10명 중 8명꼴인 79.9%가 인생에서 본인과 가족의 건강이 가장 중요하다고 답했다. 또 건강관리를 위해서는 응답자의 과반수 이상이 몸에 좋은 음식(62%)과 건기식을 섭취(60.8%)하려고 노력하는 것으로 조사됐다.

응답자들이 가장 염려하는 건강 문제는 눈 건강(39.2%)이었으며, 다음으로는 △피로 회복 34.3% △스트레스 29.8% △전반적 면역력 증진 28.8% △관절 건강 28.8% 순

이었다.

눈 건강은 3년 연속 가장 염려하는 건강 문제로 나타났으며, 이에 대체하기 위해 건강기능식품을 섭취한다는 응답도 2020년 23.7%에서 지난해 30.3%까지 꾸준히 상승했다.

이외에 관절 건강 개선, 근력 강화를 위해 건기식을 섭취한다는 응답도 전년대비 최소 2% 이상 상승했다는 것. 다만 스트레스, 두피·모발 건강, 숙면, 구강 건강, 기억력·인지기능 개선을 염려한 응답자들은 개선을 위해 크게 노력하는 점이 없다고 답한 비중이 높은 것으로 분석됐다.

협회는 올해 건기식 주요 고객층으로 50~60대 중년층이 주목받고 있다고 평가했다. 협회의 소비자 실태조사에서 최근 1년 내 건기식 섭취 경험이 있는 소비자 집단을 대상으로 구매율을 조사한 결과, 건강한 노후를 준비하는 5060세대가 83.3%로 가장 높은 점유율을 기록한 것으로 집계됐다는 것. 현재 구입 금액 기준 점유율도 35%로 1위였으며, 향후 건기식 구입 의향 역시 높은 수준을 보였다. 건기식 구입 시 본인뿐만 아니라 배우자와 자녀의 제품도 함께 구매해 한번 선택한 성분 및 브랜드에 대한 충성도가 높은 것도 특징이라는 설명이다. 36)

10대 이하 자녀를 둔 30~40대 워킹맘도 주요 소비층으로 눈여겨볼 만하다는 분석이다. 이들은 구입 금액 기준으로 28% 점유율을 차지하는 등 건기식에 투자하는 비용이 비교적 많고, 새로운 제품 및 브랜드에 대한 관심과 구입 의향도 높은 것으로 나타났다. 건강에 대한 염려가 높으면서 평소 피로회복, 스트레스, 면역력 증진 등에 관심이 있었다는 것. 이들은 건기식 구입 시 주로 온라인 채널을 이용하는 편이며, 제품 및 브랜드의 전문성이나 유명도를 참고해 2~3가지 브랜드를 번갈아 구입하는 경향을 보였다는 설명이다.

협회 관계자는 "건강관리와 건기식에 대한 중장년층과 워킹맘의 관심이 높은 만큼 올해 업계는 이들의 주요 소비 행태를 반영한 연구개발 및 마케팅 전략 등 고객 접점 강화 방안을 고민해야 한다"고 강조했다. 37)

건강기능식품 시장 현황과 소비 행태를 분석한 한 보고서에 따르면, 코로나19가 발생한 2020년 2월부터 '자가 치료'에 대한 관심이 크게 증가하였고 네이버트렌드를 통해 '자가 치료'의 검색량 추이를 살펴본 결과 2020년 1월 34만건에서 2월 50만건, 3월 100만건, 4월 87만건으로 가파르게 증가하는 모습을 보였다. 또한 '건강기능식품'

---

36) 바뀌는 소비 트렌드, 올해 '맞춤형 건기식 시장' 주목, 약업신문
37) 바뀌는 소비 트렌드, 올해 '맞춤형 건기식 시장' 주목, 약업신문

검색어 트렌드 추이 역시 코로나19 발병이후 큰 폭으로 증가하는 흐름을 보였다. 이에 따라 건강기능식품의 구매 경험률도 2017년 71.6%에서 2019년 78.2%로 약 7% 올랐으며, 구매 가구수는 1359만 가구에서 1517만 가구로 약 160만 가구가 증가했다.

 건강기능식품협회는 소비자 스스로 건강을 챙기는 '셀프 메디케이션'이 중요한 트렌드로 자리 잡으면서 건기식에 관한 소비자 니즈도 더욱 다양해지고 있다고 전했다. 이에 따라 현대 소비자가 중시하는 가치인 융통성, 개인화, 편리함에 부합하는 맞춤형 건기식 시장이 빠르게 부상하고 있다는 진단이다.

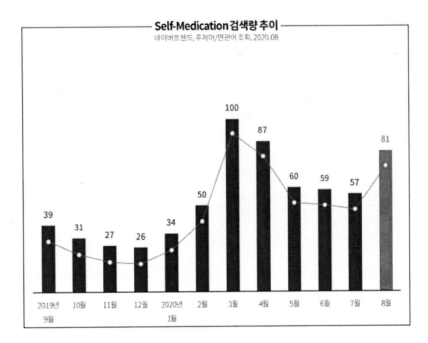

[그림 24] 네이버트랜드 Self-Medication 검색량 추이 /메조미디어,2020.08

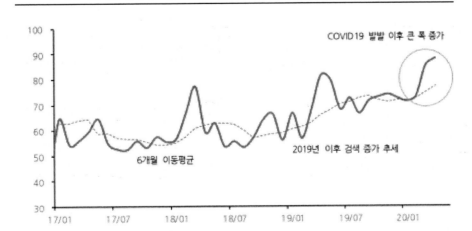

[그림 25] 건강기능식품 검색어 트렌드 추이/ 네이버, 한화투자증권 리서치센터

또한 한 조사에서, 현재 복용 중인 건강기능식품을 묻는 질문에 응답자의 73%가 비타민·미네랄을 꼽았다. 그 외에 혈관·혈행 개선 영양제(48%), 장 건강 영양제(48%), 눈 건강 영양제(47%), 면역증진 영양제(36%)로 조사되었다. 50대는 혈관과 면역, 뼈와 관절 건강에 대한 관심이 상대적으로 큰 편이며, 40대는 간 건강에 대한 관심이 큰 편이다. 38)

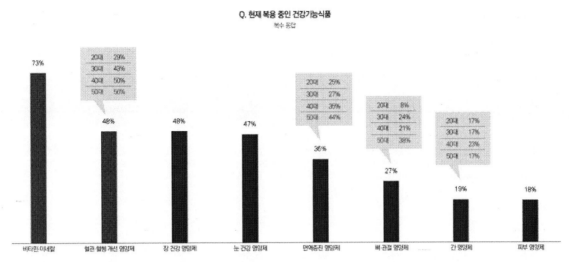

[그림 26] 현재 복용중인 건강기능식품 현황/메조미디어

건강기능식품 구입 금액을 기준으로 살펴보자면, 2021년 한 해 동안 가장 많이 판매된 상위 5개 기능성 원료는 홍삼, 개별인정형, 프로바이오틱스, 비타민 및 무기질, EPA-DHA 함유 유지(오메가-3)로 조사되었는데, 그 중에서도 홍삼은 5년 연속 건강기능식품 시장에서 가장 큰 비중을 차지했다. 국내 건강기능식품 시장은 홍삼을 중심으로 성장해오며 눈,장, 혈관 등 여러 신체 부위별 기능성에 대한 중요도가 지속적으로 증가하면서 시장을 리딩하는 원료가 다양해지는 양상을 보이고 있다.

특히, 루테인은 성분 건강기능식품 시장은 2016년 기준 637억원에서 2020년 1,586억원으로 148.5% 성장한 것으로 나타났다. 기능성 원료중 가장 큰 폭의 성장률을 보였다.

한국건강기능식품협회와 한국리서치, 인테이지헬스케어가 작년 4월 공동 개최한 '한·일 건강관련 마케팅 세미나'에서 발표한 우리나라 국민 2015명을 대상으로 진행한 설문조사결과에 따르면 70%가 넘는 응답자가 눈의 건조함과 피로함, 침침함, 흐림 증상을 느끼고 있다고 답했으며 40대 이상 연령대에서 눈건강에 대한 우려를 크게 드러내고 있는 것으로 나타났다.

눈 건강에 대한 관심 증가 이유에서 가장 큰 부분을 차지하는 스마트폰의 이용률이

---

38) 2023 건강기능식품 업종 분석 리포트, 메조미디어

최근 10년여 간 급속도로 성장했고 사용시간도 꾸준히 늘고 있다. 한국인터넷진흥원이 과학기술정통부와 함께 조사한 인터넷이용실태 조사에 따르면 만 3세 이상 스마트폰 이용률이 2010년 31%에서 2015년 82.5%로 늘어나며 컴퓨터 이용률을 처음 앞질렀으며 이후 2016년 83.6%, 2017년 87.8%, 2018년 89.6%로 점차 증가하고 있다. 이 조사에서 60대와 70세 이상이 스마트폰 이용률 증가를 견인한 것으로 나타났는데 60대는 2016년 64.1%에서 2018년 86.3%로 22.2% 증가하며 가장 큰 폭으로 늘었고 70세 이상은 2016년 14.9%에서 2018년 35.1%로 20.2% 증가하며 그 뒤를 이었다. 아울러 스마트폰 이용자의 주평균 이용시간도 2016년 8시간 29분, 2017년 10시간 17분, 2018년 10시간 47분으로 꾸준하게 늘고 있다.

업계 관계자는 "눈의 기능은 개인차가 있지만 20대부터 서서히 노화가 진행돼 40대에 이르면 눈이 나빠진 것을 자각할 정도로 조절력이 크게 감소하는 데 눈은 한번 손상되면 복구가 어려운 기관이기 때문에 노화가 시작되기 전 세심한 관리가 필요하다"며 "다양한 업체에서 눈 건강 관련 건기식을 출시함에 따라 예방이 필요하다는 사실이 널리 알려지긴 했지만 홍삼이나 유산균처럼 변화 체감 속도가 빠르지 않아 재구매율이 타 건기식에 비해 떨어지는 문제가 있어 마케팅 활동에 어려움이 있다"고 말했다.[39]

나) 소비 결정 요인

소비자들의 소득 수준이 갈수록 향상되고 건강한 삶에 대한 관심이 높아짐에 따라, 건강기능식품 구매가 증가하고 있으며 동시에 이를 선택하는 기준 역시 까다로워지고 있다. 메조미디어의 조사에 따르면 2022년 기준 건강기능식품을 구매 시 가장 고려하는 것은 '기능·효능(66%)'이라고 밝혀졌는데, 소비자들은 제품의 가격보다 기능·효능에 더 관심을 보이는 것으로 나타났다. 다음으로는 가격(43%), 성분·원산지(42%), 안정성·부작용(34%) 등의 순으로 나타났다. 또한 건강기능식품 구매시 안정성·부작용에 대해 34%가 고려하는 것으로 나타나 '안정성'과 '부작용'에 대한 소비자의 관심이 높다는 것을 확인할 수 있었다.[40]

---

39) 눈 건강 기능성 원료 '루테인' 건기식 5대 소재 등극…3년간 140% 신장, 식품음료신문
40) 2023 건강기능식품 업종 분석 리포트, 메조미디어

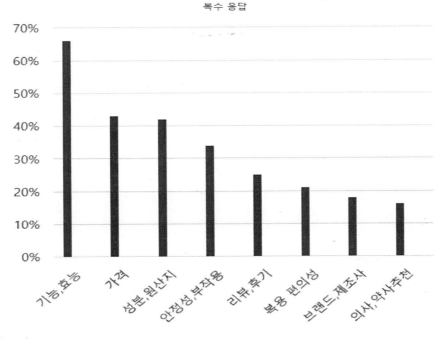

[그림 27] 건강기능식품 구입 시 주요 고려 요인/메조미디어

메조 미디어에서 진행한 설문조사에 따르면, 소비자들이 가장 많이 복용하는 건강기능식품은 비타민, 미네랄로 밝혀졌다. 50대는 혈관과 면역, 뼈와 관절 건강에 대한 관심이 상대적으로 큰 편이며, 40대는 간 건강에 관심이 큰 편으로 나타났다.
41)

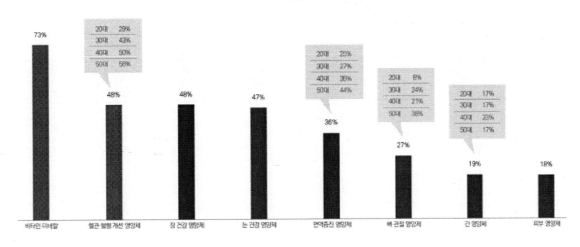

[그림 28] 현재 복용 중인 건강기능식품/메조미디어

41) 2023 건강기능식품 업종 분석 리포트, 메조미디어

다) 정보 탐색 경로 및 유통 경로[42)]

국내 소비자들의 건강기능식품 구매 채널 이용률은 2022년 기준 온라인몰이 63.1%로 가장 높았다. 약국은 약국은 지난 2019년 6.3%에서 2020년 5%로 감소했고, 2021년 다시 4.6%로 줄어들었던 점유율이 올해 그대로 정체돼있다. 위드코로나로 대면 활동이 늘어났음에도 불구하고 온라인몰을 이용한 건기식 구입 비중은 줄어들지 않았다.[43)]

	2019년	2020년	2021년	2022년(e)
백화점	2.0	1.7	0.7	0.7
대형할인점	8.8	7.8	6.9	6.3
슈퍼마켓	0.9	0.9	0.7	0.6
인터넷몰	43.8	56.9	63.6	63.1
방문판매	7.4	5.8	4.4	4.5
다단계	10.5	7.3	6.1	6.7
TV홈쇼핑	4.2	3.4	3.0	2.9
대리점	7.5	5.8	4.0	4.0
약국	6.3	5.0	4.6	4.6
드럭스토어	0.7	0.4	0.5	0.5
면세점#	1.6	0.2	0.3	0.1
기타	6.4	4.8	5.1	5.9

▲ 전체 시장규모 중 약국이 차지하는 금액은 4.9%를 차지했다.

[그림 29] 건강기능식품 유통경로

특히 건강을 생각하는 젊은 세대가 크게 늘면서, 20·30대가 건강기능식품 주소비층으로 부상하고 있는데, 인터넷이 익숙한 이들은 '아이허브'나 '아마존' 등 글로벌 유통 플랫폼을 통해 해외 제품을 직구매하기도 한다.

또한, 젊은 층이 자주 찾는 H&B(Health & Beauty)스토어의 성장세도 20·30대 건기식 구매율 상승요인으로 꼽힌다. H&B스토어는 딱딱한 분위기의 약국과 달리 캐주얼한 분위기에서 제품을 고를 수 있다는 강점을 지니고 있는데, 이로 인해 올리브영·롭스·랄라블라 등에서 간식을 고르듯 건기식을 쇼핑하는 젊은이들이 늘고 있다. 업계 1위 올리브 영 관계자는 "작년 상반기 건기식 매출은 2년 전보다 2배 증가했고 제품 종류도 41% 늘었다"고 밝혔다.

H&B스토어 못지않게 20·30대가 자주 방문하는 편의점에서의 건기식 매출도 부쩍 늘고 있다. 특히 코로나19 팬데믹을 계기로 건강에 대한 소비자들의 관심이 커지면서

---

42) 2013 가공식품 세분 시장 현황 - 건강기능식품 시장 Market Report 농림축산식품부, 한국농수산식품유통공사
43) 6조 건기식시장, 온라인 판매 63%...약국 4.6% 제자리, 데일리팜

이제는 그때그때 필요할 때마다 가까운 편의점에서 건강보조식품을 사 먹는 게 일상이 됐다. 정부가 지난 11일 사실상 코로나19 비상사태 종식을 선언해 엔데믹에 접어든 최근에도 편의점 건강보조식품 판매량은 높은 성장세를 보이고 있다. 실제로 편의점 업계에 따르면 올해 1~4월 GS25의 건강보조식품 매출은 전년 동기 대비 59.5% 급증한 것으로 나타났다. 이는 지난해 1~4월의 전년 동기 대비 성장률(32.9%)보다도 훨씬 높은 수준이다. GS25 관계자는 "포스트 코로나 시대에 면역력 유지에 대한 관심과 '헬시플레저' 트렌드가 지속되며 간편히 섭취할 수 있는 건강보조식품 매출이 2년 연속 크게 증가했다"고 전했다. CU에서도 건강보조식품 매출이 꾸준히 증가해 왔다. 2022년 1~4월에는 전년 동기 대비 43.8% 성장했고 올해 1~4월에는 전년 대비 46.7%로 최근 3개년 중 가장 큰 폭의 성장을 이뤘다. CU는 건강보조식품 전용 진열 코너인 'CU 헬스존'을 운영하고 있으며 기존 껌, 캔디류가 놓여 있는 카운터 진열 공간을 건강보조식품들로 채우고 있다.[44]

구매 채널 별 이용 이유

온라인/모바일 쇼핑몰 (N=400)		해외직구 (N=113)		약국 (N=105)	
· 가격이 저렴해서	53.5	· 가격이 저렴해서	61.1	· 전문가의 설명을 들을 수 있어서	66.7
· 다양한 제품을 비교해볼 수 있어서	51.7	· 신뢰도가 높아서	39.8	· 직접 물건을 보고 고를 수 있어서	41.9
· 결제가 편리해서	40.8	· 다양한 제품을 비교해볼 수 있어서	37.2	· 신뢰도가 높아서	37.1
· 할인 및 이벤트가 많아서	36.0	· 할인 및 이벤트가 많아서	29.2	· 거리가 가까워서	27.6
· 후기가 많아서	22.3	· 그 장소에서만 판매하는 제품이라서	29.2	· 그 장소에서만 판매하는 제품이라서	13.3
· 배송이 빨라서	22.0	· 후기가 많아서	23.0	· 결제가 편리해서	12.4
· 신뢰도가 높아서	7.2	· 배송이 빨라서	5.3	· 가격이 저렴해서	11.4
· 멤버십 혜택이 좋아서	5.8	· 결제가 편리해서	5.3	· 다양한 제품을 비교해볼 수 있어서	10.5
				· 할인 및 이벤트가 많아서	5.7

대형마트 (N=65)		TV홈쇼핑 (N=61)		전문판매점 (N=42)	
· 직접 물건을 보고 고를 수 있어서	50.8	· 가격이 저렴해서	52.5	· 신뢰도가 높아서	42.9
· 가격이 저렴해서	38.5	· 할인 및 이벤트가 많아서	45.9	· 직접 물건을 보고 고를 수 있어서	38.1
· 다양한 제품을 비교해 볼 수 있어서	36.9	· 배송이 빨라서	27.9	· 전문가의 설명을 들을 수 있어서	35.7
· 거리가 가까워서	35.4	· 다양한 제품을 비교해볼 수 있어서	27.9	· 다양한 제품을 비교해볼 수 있어서	33.3
· 할인 및 이벤트가 많아서	20.0	· 전문가의 설명을 들을 수 있어서	26.2	· 할인 및 이벤트가 많아서	23.8
· 신뢰도가 높아서	16.9	· 결제가 편리해서	24.6	· 그 장소에서만 판매하는 제품이라서	23.8
· 결제가 편리해서	16.9	· 멤버십 혜택이 좋아서	14.8	· 멤버십 혜택이 좋아서	14.3
· 멤버십 혜택이 좋아서	12.3	· 직접 물건을 보고 고를 수 있어서	14.8	· 거리가 가까워서	9.5
· 전문가의 설명을 들을 수 있어서	7.7	· 후기가 많아서	13.1	· 배송이 빨라서	7.1
		· 신뢰도가 높아서	8.2		

[Base: 건강기능식품 주 채널별(1순위) 이용자, 복수응답(1+2+3순위), Unit: %]
* 5% 미만 미 제시

[그림 30] 구매 채널 별 이용 이유

※ 유통·판매 채널별 주요 특징[45]

■ 온라인 판매
인터넷의 발달로 인해 온라인을 통해 쇼핑하는 소비자들이 지속적으로 증가하고 있는 추세이고, 특히 젊은 고객층의 유입이 많기 때문에 지속적인 성장이 기대되는 채널이

44) "한번에 1포씩" 편의점서 불티나는 건기식, 매일경제, 2023.5.16
45) 건강기능식품 주요매출 동향 분석 및 전망, 한국건강기능식품협회, 2011

다. 전문매장과 더불어 매출이 지속적으로 증가하고 있는 채널이나, 낮은 진입장벽으로 다양한 브랜드와 제품이 진출해 있어 과열 경쟁이 우려된다.

■ 홈쇼핑

판매에 설명이 필요한 건강기능식품의 특성을 잘 반영할 수 있는 채널로, 2000년대에 들어 홈쇼핑의 활성화와 함께 홈쇼핑을 통한 건강기능식품의 판매도 확대되고 있었다. 그러나 홈쇼핑 시장이 점차 하락세에 접어들고, 건강기능식품 판매 수수료가 인상되었으며, 1+1 제품 판매 등의 마케팅으로 인해 오히려 마이너스 이윤이 발생하는 사례가 생기면서 홈쇼핑 채널을 활용한 제품 판매는 다소 약화된 것으로 평가된다.

■ 전문매장

전문매장의 경우 체계적인 진열 및 상세한 제품 설명이 가능하기 때문에 건강기능식품이라는 제품의 특징을 살려 판매하기에는 가장 적합한 유통 채널로 평가된다. 최근에는 로드샵보다 백화점이나 할인매장에 직영매장으로 입점하는 경우가 증가하고 있는 추세이다. 전문매장을 통한 매출은 계속 증가하고 있으나, 타 채널에 비하여 유지비와 수수료 등이 높으므로 많은 이윤이 남는 유통 채널은 아니다.

■ 백화점

백화점 내에서 전문 매장으로 운영하는 경우 고급스러운 이미지가 덧씌워지며, 높은 신뢰도를 확보할 수 있기 때문에 비용이 많이 들어가나, 프리미엄이 붙기 때문에 타 유통채널보다 고가의 가격에 책정되곤 한다. 그러나 대부분 진열 매대만 있고 판매 직원은 없는 무인 코너로 입점 되기 때문에 인지도가 낮은 브랜드나 설명이 필요한 신제품 같은 경우에는 불리하다. 따라서 상대적으로 인지도가 높고 프리미엄을 확보하고 있는 상위 업체에게 유리한 채널이다. 따라서 진입장벽이 다소 높은 것으로 평가된다.

■ 할인매장

최근에는 할인매장 내에도 건강기능식품 코너가 많이 입점하고 있으나, 백화점과 마찬가지로 진열 매대만 있고 판매 담당원은 없는 무인 코너로 운영되는 경우가 많다. 따라서 백화점과 마찬가지로 인지도가 낮은 브랜드나 설명이 필요한 신제품의 경우에는 진입장벽이 높은 편이다.

■ 다단계 판매 채널

다단계 판매는 방문 판매와 함께 전통적인 건강기능식품 판매 채널이다. 충성도가 높은 고객이 많은 편이며, 전문적으로 교육을 받은 판매원들이 상담 및 전문적 고객 관리를 하고 있기 때문에 제품 판매와 고객 관리가 타 채널에 비해 유리하다. 그러나 현재 건강기능식품 판매 채널이 다양화되고 있는 추세이며, 신규 고객의 유입 비중이

높지 않아 기존 고객으로 시장을 유지하고 있는 상황이다.

■ 방문 판매 채널
방문 판매 채널은 소비자 개인별 맞춤 서비스가 가능하여 가격경쟁이 적고, 유통 마진 절감 등으로 높은 매출과 이윤을 창출할 수 있는 채널이다. 그러나 채널의 다양화와 신규 고객 유입 비중이 낮아 시장이 커지고 있는 추세가 아닌데다 아모레퍼시픽, 풀무원 등과 같이 이미 방문 판매 채널을 구축한 기존 업체들이 안정적인 고객을 확보하고 있어 신규 기업이 이 채널을 구축하기에는 다소 어려운 점이 많다고 평가된다.

나. 해외

1) 시장 규모

세계 건강기능식품 시장은 지난 3년 간 연평균 약 6.9%씩 성장하며 2022년 기준 230조 원에 달한다.
2020년 세계 건강기능식품 시장에서 미국이 545억 달러 매출 규모를 보이며 단일 국가 기준으로는 가장 높은 시장 점유율(34.9%)를 차지하고, 다음으로는 중국(231억 달러, 14.8%) > 일본(114억달러, 7.3%) 순이다. [46]

품목별로 보면, 2020년 기준 규모가 가장 큰 품목은 로열젤리, 구기자, 벌꿀 등 전통적인 보양 제품으로서 매출액 1,187억 달러에 43.5%의 점유율을 차지하고 있다. 다음으로 비타민·식이보충제 제품이 1,152억 달러 매출액에 점유율 42.2%를 기록했으며, 스포츠 영양제품은 218억 달러에 점유율 8%, 체중 관리 제품은 175억 달러에 6.4%의 시장을 점유하고 있다. 특히 코로나19는 식이보충제의 면역력 지원에 더욱 관심을 두게 해 2020년 비타민과 식이보충제 판매가 폭발적으로 늘었고, 면역 관련 제품도 크게 늘었다.[47]

---

46) 세계 건강기능식품 지역(국가)별 시장 현황, 티스토리
47) 중국 기능성식품 시장, 성장률 8.7%로 세계 2위/ 식품음료신문

2) 국가별 현황

 세계 각국은 각 나라의 실정에 맞는 제도를 통해 건강기능식품을 엄격히 관리하고 있다. 건강기능식품의 정의는 국가별로 다소 상이한 점이 있으나, 각각의 용어가 뜻하는 의미는 유사한 편이다. 다음은 국가별 건강기능식품의 정의 및 분류이다.

[표 27] 국가별 건강기능식품의 정의 및 분류

국가	용어	내용
미국	식이보충제 (Dietary Supplements)	- 비타민, 무기질, 허브 등 식물 성분, 아미노산, 식사를 보충하기 위해 사용되는 물질, 농축물, 대사산물, 구성요소, 추출물 혹은 이에 포함된 성분 등의 원료를 함유한 식품 - 식이보충제에 사용하는 건강관련 표시로는 건강 강조표시, 구조/기능 강조표시, 영양소 함량 강조표시가 있음
유럽	식품보충제 (Food Supplements)	- 영양 또는 생리학적으로 효과를 가진 영양소 또는 그 밖의 성분/물질을 농축한 식품
일본	보건기능식품	- 영양기능 식품, 특정 보건용 식품, 기능성 표시 식품으로 분류됨 - 영양기능 식품은 국가가 정한 기준에 부합한 특정 영양 성분(비타민, 미네랄 등 17개 성분)을 포함하며 해당 영양성분의 기능을 표시하는 식품임 - 특정 보건용 식품은 생리적 기능이나 특정 보건기능을 나타내고, 유효성 및 안전성 등에 관해 국가 심사를 받으며 소비자청1)이 유효성에 관계되는 표시를 허가 또는 승인한 식품 - 기능성 표시 식품은 사업자가 일정한 과학적 근거에 입각하여 건강효과를 신고한 식품(2015년 4월부터 관련 법안 시행)
중국	보건식품	- 특정 보건기능을 갖추거나 비타민, 미네랄 보충을 목적으로 하는 식품을 의미하며 영양소 보충제와 전통 보건식품으로 분류됨 - 영양소 보충제는 부족한 영양소를 섭취를 보조하는 비타민제, 단백질 가루 등 식사영양 보충제, 다이어트 관리식품, 아동식사 영양보충제 등을 말함 - 전통 보건식품은 신체 기능을 조절하는 기능이 있으며 질병 치료를 목적으로 하지 않는 식품

가) 미국[48][49]

미국 건강기능식품 시장 규모는 2020년 기준 366억 달러 규모였으며, 향후 5년간 연 3.7%의 성장률을 보일 것으로 전망했다. 또한, 웰빙 관련 언론 헬스라인 (Healthline)은 2020년 기능성 식품 시장의 성장세는 최근 20년 간 가장 큰 증가 폭인 12.1%를 기록했다고 언급했다. 추가로, 현지 언론 포춘 비즈니스 매거진(Fortune Business Magazine) 또한 코로나19 이후 건강에 대한 관심이 높아진 소비자들의 기능성 식품 소비 증가와 기능성 식품의 소비 연령대 확장을 근거로 해당 시장의 성장 가능성이 높다고 평가했다.

미국에서 제조되고 있는 건강기능식품 제품 비율은 미네랄과 일반 비타민, 식물성 제품, 특정기능 제품, 스포츠 제품, 식품 보충제로 분류된다. 이 중 미네랄과 일반 비타민 제품의 시장 점유율이 36.2%로 가장 높았으며, 특정기능 제품군과 식물성 제품군이 각 18.3%와 17.5%의 시장 점유율을 기록했다. 추가로, 시장조사 기관 그랜드뷰 리서치(Grandview Research)는 스포츠 제품과 식물성 제품에 대한 수요가 미네랄과 일반 비타민보다 빠르게 증가하고 있다는 점을 주목했다. [50]

미국 내 기능성 식품 시장 점유율

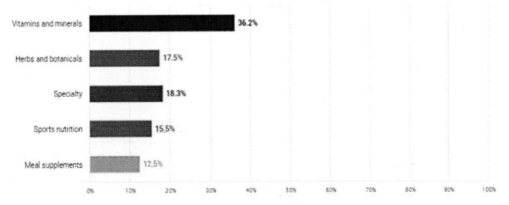

[그림 31] 미국 내 기능성 식품 시장 점유율

---

48) 건강기능식품 시장 동향, 연구성과실용화진흥원 (S&T Market Report vol. 41 (2016.10.)
49) 미국의 건강기능성 식품 최근 동향 김영찬, 홍희도, 조장원, 정신교 / 식품산업과 영양 20(1), 15~17, 2015
50) 美 기능성 식품 시장동향/ 해외시장뉴스

한편, 헬스라인은 2021년 기능성 식품 트렌드로 스트레스 완화와 미용 보조, 면역 증진, 비타민D 제품 등을 꼽았다.

스트레스 완화 제품의 주원료는 마그네슘, 비타민B, 엘테아닌, 멜라토닌, 발레리안 등이며, 최근 이 제품군에서 식물성 성분의 사용이 크게 증가하고 있다. 또 미용 보조 제품의 주원료로는 콜라겐 펩타이드, 비타민C, 오메가3 등이 주로 사용되며, 면역 증진 제품엔 아연, 셀레니움, 비타민 C, D 등 주원료로 이용되는데, 버섯과 생강, 허브 등 식물에서 추출한 제품들이 큰 인기를 얻고 있다.

최근 K-pop이 미국 내 주류 문화 중 하나로 자리 잡으며, 한국산 기능성 식품에 대한 관심 또한 증가하고 있다. 온라인에서는 K-pop 다이어트와 같이 한국의 식재료와 식습관을 체험해 보거나, 더 나아가 한국산 다이어트 보조제를 체험하는 후기들도 증가하고 있다. 그중, 다이어트 제품 후기는 특히 인기가 높았으며, 한국 제품들을 공유하는 웹사이트인 베스트 코리안 프로덕트는 10개 한국산 다이어트 제품들을 소개하기도 했다.

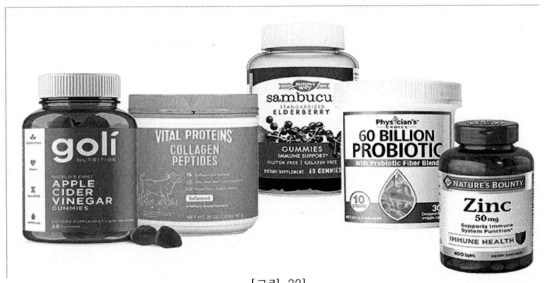

[그림 32]

한국산 다이어트 보조제와 관련해 현지 식품 유통업체 관계자는 무역관과의 인터뷰를 통해 "최근 한국산 다이어트 보조제에 대한 온라인 문의가 증가하고 있으나, 제품 및 기업에 대한 정보나 사용 후기가 적어 제품의 안전성에 대해 문의하는 경우가 많다"고 밝혔다. 또 "이러한 현상은 체중 감량에 외국산 다이어트 보조제를 이용한다는 인식이 아직 대중적이지 않아 발생하는 것"이라고 말했다.51)

---

51) 미국 기능성 식품 12.1% 성장 20년래 최고/ 식품음료신문

미국에서 "건강하다"는 단어는 신선하고 자연적이며, 친환경적이면서 품질이 좋다는 것을 내포한 말로 사용되고 있다. 60% 가량의 미국 소비자가 식품을 구입할 때 건강을 우선적으로 생각하고 있으며, 40% 정도가 안전을 고려한다고 응답하였다. 세계적으로 많은 사람들이 복지 생활, 체중조절, 건강하고 활기 있는 식생활을 추구함에 따라 우유포뮬라, 에너지드링크, 요거트, 천연주스, 스포츠드링크, 시리얼제품 등이 건강식품으로써 선호되고 있다. 다음으로 세계 1위의 건강기능식품 시장인 미국 시장의 건강기능식품 10대 트렌드를 살펴보도록 하자.

■ 특수영양소(special nutrient) 함유 식품

미국 건강기능식품 시장에세 특수영양소 제품군은 비타민 시장 다음의 우위를 차지하고 있다. 약 90%의 성인이 특수영양소 제품을 정기적으로 섭취하고 있다고 답변했으며, 그 중 30% 정도가 항산화제와 ω-3 오일 제품을 섭취하고 있다. 그 외에 라스베라트롤, 카로티노이드, 폴리페놀과 플라보노이드, 라이코펜 등을 비롯하여 정장효과를 가진 각종 발효유 제품에 대한 관심이 늘어나고 있는 추세이다. 비타민과 미네랄도 40% 정도의 성인들이 정기적으로 섭취해야하는 영양소라고 생각하고 있었다.

■ 자연식품(Get-real)

최근 많은 소비자들이 천연 재료와 첨가물을 선호하는 경향이 강해지면서, 가공을 최소화하거나 아예 하지 않는 자연식품이 선호되고 있다. 2012년도 자연식품의 매출액은 전년도에 비하여 13% 증가한 245억 달러에 달했으며, 자연식품 분야에서는 음료가 59억 달러로 가장 큰 비중을 차지하고 있었다. 유기농 식품의 매출액은 263억 달러였으며, 과일과 채소가 97억 달러로 가장 높은 비중을 차지하고 있었다. 약 25% 정도의 성인들이 GMO 식품을 꺼리고 유기농 식품을 선호하고 있으며 60% 정도의 소비자들은 일상적인 식생활로부터 필요한 영양소를 섭취하는 것이 바람직하다고 생각하고 있었다.

■ 히스패닉(Hispanic health) 열풍

미국에서 히스패닉 인구의 비중이 급속히 증가함에 따라 이들의 식품 구입 경향이 전체 식품 시장에 미치는 영향도 증가하고 있었다. 히스패닉 사람들은 본래 비만과 폭식의 경향이 강했지만, 이들 사이에서도 점차 건강을 생각하여 비타민과 특수 영양소 섭취에 관심을 기울이는 사람들이 늘어나고 있다. 미국 사회에서 이들의 소득이 증가함에 따라 앞으로 히스패닉 계열 인구의 건강기능식품의 구입과 섭취가 더욱 증가할 것으로 보인다.

■ 단백질(protein) 열풍

건강기능식품 시장에서 단백질 제품은 가장 인기 있는 제품으로, 많은 미국인들이 더 많은 단백질을 섭취하려고 노력하고 있는 것으로 드러났다. 단백질 제품 중에서 고단 백 에너지 음료, 근육 강화를 위한 아미노산 제재 등이 큰 인기를 끌었으며, 많은 소비자들이 단백질의 섭취가 면역 기능을 강화시키며 근육을 강화하고 피로 회복에 도움을 준다고 생각하고 있었다.

■ 어린이 특수 제품(kid-specific)

미국의 어머니들 중 40% 가량이 건강위주로 식품을 구입한다고 답변하였으며, 발효 제품, 곡류 스낵, 과일과 채소류 제품 등이 특히 큰 인기를 몰고 있었다. 답변한 어머니들 중 약 1/3 가량이 신선하고 가공을 최소화한 식품과 비타민과 미네랄, 통곡, 칼슘의 비중을 늘리려고 노력하고 있다고 말했으며 반절 이상이 카페인 섭취와 탄산음료, 고과당, 인공향료 섭취를 피한다고 답변하였다.

■ 기능성 식품(pharma foods)

미국 건강기능식품 소비자 중 80% 가량이 기능성 식품이 심장병, 고혈압, 당뇨, 골다공증과 암 예방에 도움이 되며 기억력 개선에 효과가 있다고 생각하고 있었다. 미국 역시 고령화가 진행되고 있는 나라 중 하나로, 뼈, 눈, 심장의 건강과 동맥 경화 등의 순환기계 질환의 예방에 초점을 둔 식품 소비가 많이 증가하고 있었다. 그 외에 혈당 조절, 시력, 수면조절, 지방간 개선 등의 기능성제품 수요 역시 늘어나고 있는 추세이다.

■ 대체식품(alternatives)

본래 미국인들은 육식을 주로 하나, 최근 미국인들의 식탁에서 고기가 없어지는 현상이 나타나고 있다. 그 대신 계란, 두류, 야채 버거, 두부 등의 수요가 늘어났으며 전체 소비자들의 20% 정도가 5끼 중 한 끼를 육류 없는 식사로 하고 있다고 답변하였다. 우유 대신에 두유, 아몬드유, nut milk, grain milk를 마시고, lactose free, gluten free 표시 식품 판매가 늘어나고 있다. 또한 소금, 트랜스지방, 포화지방, 콜레스테롤, 카페인성분을 최대한 피하고, 항생제를 사용하지 않은 유기농 축산물을 구입한 소비자들이 늘어나고 있었다.

■ 운동영양(performance nutrition)

건강, 체중조절, 근육강화 등의 여러 목적으로 정기적인 체력단련 활동을 하는 사람들이 늘어나면서 sports drink, energy drink, nutrition bar 등의 구매가 늘어나고 있다. 이중 sports drink, protein drink, 대체식용 스낵이나 bar 같은 제품들이 인기가 있다. 이러한 제품의 주 소비층은 소득이 높은 편으로 과학적으로 검증을 받거나 인증을 거친 제품을 선호하고 있었다.

■ 체중조절(weighing in)

미국인 중 반절 넘는 사람들이 체중을 줄이기를 원했으며, 약 30%의 사람들은 현 체중을 유지하기를 원했다. 이러한 경향을 반영하듯이 많은 사람들이 다이어트 식품으로 protein drinks를 애용하고 있었으며, 혈당 조절을 위하여 통곡, 식이섬유 제품과 비타민 D, 칼슘, 항산화제, ω-3 오일 제품을 다이어트용 식단으로 섭취하고 있었다.

■ 신세대(Gen Zen)

미국에서 1981년에서 2000년 사이에 태어난 인구는 8천 5백만 명 가량이다. 이들은 대개 건강하고 고가이며, 자연적이고 덜 가공되면서 더욱 맛있는 식품을 선호한다. 또한 기능성식품의 효능을 신뢰하며 칼로리 정보에 따라 식단을 선택하고 음식으로 체중을 조절할 수 있다는 생각을 가지고 있었다. Glutenfree, allergen free 제품을 선호하며 건강 위주로 메뉴가 구성된 레스토랑을 골라서 이용한다. 식품의 영양표시를 잘 읽으며 어느 세대보다 많이 sports drinks, energy drinks, 주스, 유탄산 음료 등 다양한 음료를 즐겨 마신다. 또한 이들 중 채식주의자도 점차 증가하고 있다.

나) 중국[52)53)]

　미국에 이어 세계 2위의 중국 건기식 시장은 2020년 444억 4,200만 달러 규모로, 세계 시장의 16.3%를 차지했다. 또 시장 성장률은 8.7%로 세계 수준의 2배에 달했다.

　중국 기능성식품 시장은 진입 장벽이 낮아지고 이윤이 높아져 시장이 빠르게 발전하고 있다. 또 2016년부터 제도적인 관리와 함께 시장이 점차 정돈되면서 안정적으로 발전해 2019년까지 지난 10년간 연평균 23.7%의 성장세를 보였다.

[중국 건강기능식품 시장 현황 및 전망]

* 출처: KOTRA(2021), 코로나19 이후 중국 전 연령층에서 건강기능식품 관심 높아져

[그림 33] 중국 건강기능식품 시장 현황 및 전망[54)]

　민텔에 따르면, 중국 기능성식품 시장에서 가장 큰 비중을 차지하고 있는 것은 식이보충제다. 각종 비타민은 가장 인정받은 면역력 향상 영양소이고 단백질, 프로바이오틱스도 큰 비중을 차지하고 있다. 또 인삼, 프로폴리스, 동충하초 등 식물류도 인정받고 있다. 또 여성은 단백질과 철분, 남성은 아연과 셀레늄, 18~24세 소비자는 인삼과 생강에 호의적이다.

---

52) 건강기능식품 시장 동향, 연구성과실용화진흥원 (S&T Market Report vol. 41 (2016.10.)
53) 중국 기능성 식품시장, 성장 잠재력 크다, KOTRA 해외시장뉴스 이형직 중국 광저우무역관 2017.01.
54) 전략제품 현황분석 건강기능성 식품,

최근엔 건강과 스포츠에 관한 관심이 증가함에 따라 기능성음료 시장이 급성장하고 있다. 2019년 중국의 기능성음료 시장 규모는 1,119억 위안으로 처음 1,000억 위안을 돌파한 이후 2020년에는 1,224억 위안에 달했고 2021년에는 1,339억 위안에 이를 전망이다. 기능성음료는 에너지음료, 스포츠음료, 식이섬유음료, 비타민음료, 미네랄음료 등의 시장을 선보이고 있으며, 에너지음료가 전체 기능성음료의 70% 정도를 차지한다.

시장 확대에 힘입어 최근 3년간 중국 기능성음료 수입액도 지속적으로 증가해 2020년 수입액은 전년 대비 84.79% 증가한 1억 9,789만 달러를 기록했다. 주요 수입 상대국은 태국, 프랑스, 일본으로 이들 국가로부터 전체 수입액의 40% 이상 수입했다. 이 가운데 태국으로부터의 수입이 전체 수입액의 절반 이상을 차지했으며, 한국으로부터의 수입액은 전체 수입액의 3.5%에 해당하는 697만 달러를 기록했다.

눈여겨볼 시장은 프로바이오틱스다. 프로바이오틱스가 곧 장 건강이고 면역력 향상에 좋다는 소비자 인식이 확산하면서 시장이 크게 확대되고 있다. 또 이탈리아의 1/10, 미국과 프랑스의 1/6 수준으로 향후 발전 여지가 크다. 다만 일부 프로바이오틱스는 중국에서 신자원식품으로 식품 유형에 따라 사용 가능 여부와 사용 제한량 규정이 있는 점을 예의 주시해야 한다. 멜라토닌 시장도 확장세다. 특히 젊은 층이 수면 경제의 주요 소비자층으로 떠오르고 있다.

AT 상하이 지사에 따르면, 최근 중국에서는 젊은 층의 밤샘 현상이 심각해지고 있어 수면 문제를 겪는 연령대도 젊어지고 있다. 따라서 수면 개선에 일정 부분 효능이 있는 멜라토닌 성분이 소비자들에게 알려지면서 멜라토닌 함유 식품을 쉽게 찾아볼 수 있다.

중국수면연구회에 의하면, 현재 수면장애가 있는 중국 사람은 3억 명이 넘는다. 이 중 바링허우 세대와 주링허우 세대의 자발적인 밤샘이 약 48%를 차지한다. 이는 젊은 층이 인터넷과 모바일에 노출되면서 대부분 늦은 수면 습관을 가지게 된 것에 기인한다. 이와 함께 어쩔 수 없는 밤샘은 52% 내외로 주로 감정 트러블, 직장 및 일상생활의 스트레스 등이 수면 문제의 원인으로 이들이 멜라토닌 제품의 주요 소비자다.

현지 관계자에 따르면, 현재 중국에서는 수면 문제가 있는 사람이 늘면서 수면 경제가 형성되었고, 멜라토닌을 활용한 수면 조절 관련 기능성식품의 수요가 지속적으로 늘고 있다고 밝혀 멜라토닌이 중국 시장에 블루오션으로 성장할 것으로 전망했다.[55]

---

55) [마켓트렌드] 중국 기능성식품 시장, 성장률 8.7%로 세계 2위/ 식품음료신문

다) 일본[56][57][58][59][60]

　야노경제연구소는 일본의 2020년 기능성표시식품 시장규모가 전년대비 11.8% 증가한 2,843억 엔으로 확대될 것이라 전망했다.

　코로나19 확산 이후, 건강 의식이 높아지면서 보조수단인 기능성 식품 소비가 증가하고 있음. 특히 체중 증가를 고민하는 사람들이 많아져 식생활 및 운동 습관을 개선하고자 하는 움직임이 늘어났다.

　일본 20~79세 기혼 남녀 5,640명을 대상으로 실시한 '구체적으로 어떠한 건강 의식이 높아졌는가'에 대한 설문조사 결과, '식사·영양에 관심이 높아졌다(50.9%)', '운동에 관심이 높아졌다(35.3%)', '스트레스 관리 관심이 높아졌다(22.8%)' 순으로 나타났다.[61]

　일본에 있어서 건강식품이란 '정제·분말·캡슐·미니드링크 형태 등의 형상(의료약품 형상)을 한 건강유지·증진, 미용 등을 목적으로 한 식품'을 말한다. 일본의 건강식품은 보건기능식품 제도, 특정보건용 식품 제도, 영양기능식품 제도, 기능성표시 식품제도 등으로 구성되어있으며, 일본 소비자청에서 관리·감독하고 있다. 이 중 기능성표시 식품제도는 지난 2015년부터 실시된 제도로, 사업자가 식품의 기능을 입증하면 관련 사업자의 책임 하에 건강효과를 제품 전면에 표기할 수 있는 제도이다. 이 제도는 최근 일본 건강기능식품 시장을 크게 활성화시킨 것으로 평가된다.

　일본의 제도상 보건기능식품 이외의 식품에 관해서는 식품의 기능, 효과·효능을 표시·표현하는 것은 법률로 금지되고 있지만, 건강식품의 판매사업자는 상품명이나 상품·광고의 전체적인 이미지 등에서 건강식품에 기대되는 건강·미용효과를 소비자에게 상기시키는 마케팅 전략을 사용하고 있었으며, 정제, 캡슐, 분말, 미니드링크 등 의약품과 비슷한 모양의 건강식품이 많이 판매되고 있었다. 소비자 역시 이러한 식품들을 건강식품으로서 인식하고 있었다.

　일본에서 건강식품 성분으로 이용되는 소재·성분은 다양한 건강 활성 기능을 가지고 있는 경우가 많아 특정 카테고리에 분류하는 것이 쉽지 않지만, 유통동향, 기업체의 개발 방향, 소비자 인식 등의 요소를 포괄적으로 고려하였을 때 다음과 같이 분류할 수 있다.

56) 건강기능식품 시장 동향, 연구성과실용화진흥원 (S&T Market Report vol. 41 (2016.10.)
57) 건강기능성 식품 시장 큰 폭으로 성장 중 (농림축산식품부 보도자료/2017.5.1.)
58) 일본은 지금 '기능성 식품'시대!, 밥상머리뉴스 이시호 기자, 2017.04.
59) 일본 기능성식품 시장의 동향 ~ 건강 부가가치가 新 조류 ~ 한국농수산식품유통공사 오사카지사 자체기획단신 11호(2016. 3. 30)
60) 일본 건강식품 시장동향 ~ 대일 한국산 건강식품 수출확대방안 ~ 한국농수산식품유통공사 오사카지사 자체기획단신 22호(2016.9.27.)
61) 전략제품 현황분석 건강기능성식품

[표 28] 일본 건강식품 소재·성분 분류

주 기능	주 소재
기초영양소	비타민, 미네랄 등
건강유지·증진	녹즙, 흑초·향초, 마늘, 식물발효엑기스(효소), 클로렐라, 상어간유 등
간기능	울금, 간장수해물, 굴엑기스, 오르니틴 등
면역촉진	로얄젤리, 프로폴리스, 느타리버섯, 블라제이, 영지 등
미용·안티에이징	콜라겐, 플라센타, 코엔자임Q10, 레스베라트롤 등
다이어트	프로틴, 키친·키토산, 효모 등
관절대책	글루코사민, 히알루론산, 콘드로이틴황산 등
아이케어	블루베리, 루테인 등
인지기능	DHA·EPA, 은행나무 잎 엑기스 등
자양강장	고려인삼, 자라, 마카 등
정장	유산균, 식물섬유, 올리고당 등

일본 건강산업신문에 따르면, 지난해 출시된 건강식품 중 45%가 기능성표시식품인 것으로 나타났다. 2020년에 출시된 기능성표시식품은 '혈당 수치 적정화+체지방 감소 효과' 등 복수 건강기능을 표시한 상품이 19.7%로 확인됐다. 뒤를 이어 '체지방 감소 효과' 등 지방 관련 기능성을 표시한 상품이 13.7%, 피부 관련 기능성을 표시한 상품이 9.8%, 혈압 수치 적정화에 효과적인 기능성을 표시한 상품이 8.2% 를 보였다.

판매 채널별로는 방문판매 시장이 전년 대비 1.7% 감소했다. 대면판매가 기본인 방문판매시장은 코로나19 타격이 큰 판매 채널이며, 각 판매 업체들은 원격으로 영업활동을 실시하는 등 마케팅 방법을 변경하여 대응하고 있다. 백화점이나 자연식품 전문점, 편의점 등 식재료를 주로 판매하는 유통업체또한 건강식품시장은 전년대비 2.2% 감소했다. 인바운드 수요 급감과 영업시간 단축 등이 원인이다.

반면 온라인 판매는 늘어나고 있다. 일본 총무성의 가계소비상황조사에 따르면 2020년 1월~10월까지의 누계 건강식품 인터넷 구입액이 6375엔(한화 약 6만 원, 2인 이상 세대)인 것으로 나타났다. 약국과 드럭스토어 등 약품, 생활용품을 주로 판매하는 유통업체의 건강식품시장 규모도 전년대비 3.4% 증가한 것으로 나타났다. 일본 경제산업성의 상업동태통계에 따르면 2020년 1월~10월까지 드럭스토어에서 서플리먼트나 프로틴, 다이어트식품 등의 건강식품 판매액은 전년 대비 1.4% 증가했다. 재택근무로 운동 부족 및 비만으로 고민하는 젊은 세대를 중심으로 수요가 증가했다.[62]

이어서, 일본의 건강기능식품 수출입 동향을 살펴보면, 대부분의 완제품 형태의 건강

---

62) 일본, 건강식품시장 멈추지 않는 성장세/ 리얼푸드

기능식품은 엄격한 규제를 피하기 위해 일본 국내에서 제조되고 있다. 제품에 함유된 첨가제, 보존제, 식용 색소 및 향료 등의 주요 성분에 대한 자세한 기술사항 및 증명서가 없이는 통관이 되지 않는 등 일본의 건강기능식품 관련 규제는 매우 엄격한 편이나, 비타민 제품의 경우에는 완제품 또는 원재료 형태로 수입되고 있었다. 주로 완제품은 미국에서, 원재료는 중국에서 수입하는 경우가 많았다.

한국의 입장에서 일본 건강식품 시장을 살펴보자면, 일본은 한국 기업이 건강보조식품을 가장 많이 수출하는 국가이다. 2위를 차지한 중국과 3위 미국 등 다른나라로의 수출이 증가세를 보이는 가운데에서도 일본은 꾸준히 1위를 유지하고 있다.[63]

반대로 일본 시장에서의 한국 제품 판매 동향을 살펴보면, 한국산 인삼 및 홍삼제품은 고급 제품이라는 인식이 강하여 50대 이후의 중장년층이 주로 구매하고 있었다. 주로 한국에서 제조한 인삼을 수입하여 판매하는 경우가 많았으나, 원료를 한국이나 중국에서 수입하여 자체적으로 제품을 제조·판매하는 경향이 증가하고 있는 추세이다. 한국제품의 경우 아직까지 남성을 타겟으로 한 자양강장제라는 전통적인 이미지가 강하고, 신제품 개발이 활발하게 이루어지고 있고 있다. 따라서 인삼제품을 대해 인삼음료·화장품·냉한체질개선식품 개발 등 타깃 소비층을 늘리기 위한 시장 확대 노력이 필요한 것으로 보인다.

라) 베트남[64][65][66][67][68][69][70]

베트남 기능식품 관리법(No.43/2014/TT-BYT)에 따르면 건강기능식품이란 '건강 증진에 도움이 되는 미량 영양소 및 기타 요소(미네랄, 비타민, 아미노산, 지방산, 프로바이오틱스, 그외 생물학적 활성물질)를 보충하는 일반 식품'으로 정의된다. 즉, 베트남에서 건강기능식품은 '신체의 모든 기관의 기능을 지원하고 영양기능을 가지는 식품'을 의미하며, 신체를 상쾌한 상태로 만들고 질병에 걸리는 위험을 감소할 수 있는 식품으로 정의된다. 베트남의 기능성 식품은 효능, 성분함유량, 사용지침에 따라 건강유지식품, 미량 영양성분 보충식품, 영양보충식품, 의학영양제품 으로 구분할 수 있다.

---

63) 일본 건강보조식품 시장동향,kotra해외시장뉴스, 2019.09.11
64) 베트남, 기능성 식품시장 성장세 지속, 농수산식품유통공사 2013.11
65) 베트남 건강기능식품 수출 가이드, 식품의약품안전처 2014.12
66) Moore VN, Neilsen VN
67) 베트남 건강기능식품 수요 다양화, kotra 2018.01.30
68) 베트남 건강기능식품 시장동향, kotra, 2020.09.03
69) 2019 베트남 건강기능식품시장 유통채널 트렌드, 농식품수출정보, 2019.05.27
70) [글로벌 트렌드] 급성장하는 베트남 건강기능식품 시장...트렌드는, 푸드투데이,2019.05.29

- 건강유지식품 : 특정보건기능이 있거나, 비타민, 무기질 보충목적 식품
- 미량영양성분보충식품 : 일반식품에 비타민 또는 무기질을 강화한 식품
- 영양보충식품 : 미량영양소를 보충하기 위한 비타민 또는 무기질
- 의학영양제품 : 임상시험 통과 후 생산업체가 발표한 가능성이 증명되고 권한 있는 기관에 의한 유통 허가를 받았으며 약사의 지원, 감시 하에 사용방법 및 지정사항이 있는 특별한 식품

　2022년 베트남의 비타민 및 건강보조식품 시장 규모는 전년대비 9.5% 성장한 약 10억7200만 달러로 예상되며, 2017년 이후 연평균 11%의 안정적인 성장세를 보이고 있다. 특히 코로나19로 면역증진 등 건강에 대한 소비자들의 관심이 높아지면서 2021년은 전년대비 15.9%의 높은 성장률을 기록했다. 40대 이상의 중-고 연령층의 건강에 대한 높은 관심이 베트남 건강보조식품 시장을 견인하는 것으로 분석된다. 2023년에는 11억 2500만 달러에 이를 것으로 예상된다.
　베트남에서 유산균은 가장 대표적인 건강보조식품으로, 주로 의사 및 의료전문가들이 소아의 소화기 질환 완화에 도움되는 제품으로 추천하고 있다. 특히 유산균은 베트남에서 일반의약품(OTC 약품)으로 분류되어 의사의 처방전 없이도 구매가 가능해 소비자들이 쉽게 제품을 접할 수 있다.
　건강과 직접적으로 관련된 유산균 제품에 대해 베트남 소비자들은 가격보다는 '신뢰도' 및 '안전'을 중시하며 미국, 유럽, 일본 등 해외 브랜드를 선호한다. 이는 해외 브랜드가 오랜 기간에 거쳐 검증된 제품이라는 인식이 있기 때문이다. 베트남에서 유산균 제품은 액상, 캡슐, 분말 등 다양한 형태로 유통되고 있으며 성인 유산균 제품의 경우 섭취가 간편한 캡슐타입에 대한 선호도가 높고 유아용 유산균은 물이나 음료에 타 먹는 분말 또는 액상 타입 제품이 주로 판매되고 있다.[71]

　특히, 베트남의 건강기능식품 시장 내에서 체중조절제(12%), 스포츠 영양제(23%)의 성장이 두드러졌다. 뿐만 아니라 베트남 내 높아진 비만율과 젊은 여성층 중심으로 미(美)에 대한 관심이 증가함에 따라 미용·다이어트 보조제가 인기를 끌고 있으며, 그 외에도 대기오염 우려로 인한 디톡스 상품, 노년인구 증가에 따른 노화방지 및 뼈 건강 관리제품 등 건강기능식품 수요가 다양해지고 있다. 최근에는 코로나19로 인해 멀티비타민, 홍삼, 금빛제비둥지 등 면역력 증진에 도움이 되는 건강기능식품 인기 급증하고 있는 추세이다.

　이렇게 베트남에서 건강기능식품의 수요가 증가한 원인으로는 소비자 의식 및 소득 수준 향상, 자가 치료 관습 등이 꼽힌다. 베트남은 2018년 기준으로 1인당 국내총생산(GDP)이 2,587억 달러에 달하는 국가로, 동남아시아에서 중산층이 가장 빠른 성장률을 보이고 있으며, 경제 성장률은 7.08%를 달성해 지난 11년 만에 최고치를 갱신

---

71) 베트남 유산균 제품 시장 높은 성장세, kotra해외시장뉴스,2023.01.10

한 바 있다. 이렇게 소득 수준이 증가함에 따라 베트남 소비자들의 생활수주니 높아 집에 따라 의료서비스나 건강보조식품에 소비를 하는 등 건강 증진에 관심을 보이고, 로벌 시장 조사업체 닐슨(Nielsen)의 2018년 베트남 소비자 관심도 조사에 따르면, '건강을 가장 중요한 요소로 생각한다(37%)', '인스턴트 식품의 장기간 섭취가 불안하 다(90%)', '현재 섭취하고 있는 식품의 모든 성분에 대해 알고 싶다(76%)' 등의 답변 이 높은 응답률을 보인다.

 이는 현재 베트남 소비자들의 건강에 대한 관심이 높아졌으며, 친환경 식품을 요구 하고 있는 트렌드를 나타낸다,

 더불어, 여전히 허술한 의약품 관리체계와 높은 진료비 등의 이유로 베트남 사람들 은 자가치료를 선호하고 있으며, 이러한 요인 또한 건강기능식품의 실수요로 이어지 고 있는 상황이다. 베트남의 경우 처방전 없이 살 수 있는 약품이 엄격하게 관리되고 있지 않으며, 병원 시스템이 불충분한 편이다. 이에 따라 많은 베트남 국민들이 질병 에 걸렸을 경우 자가 치료를 하거나 헬스케어 서비스에 의존하는 편인데, 이 역시 건 강기능식품이 주목받는 한 요인인 것으로 분석되었다. 또한 베트남에서 도시화가 빠 른 속도로 이루어지고 있으며, 베트남 총 인구 9천만 명 중 6,300만 명이 35세 이하 인 등 청년 인구 비율 또한 높다는 점 역시 베트남 시장이 활발하게 돌아가는 한 원 인이다.

<베트남 비타민 및 건강보조식품 유통채널별 점유율>

유통 채널	점유율
오프라인 채널	86.9
- 약국	53.9
- 드럭스토어	6.1
- 방문판매	26.9
온라인 채널	13.1
- 전자상거래	13.1

주: 1) 유산균 제품만 특정한 자료가 부족해, 상위 그룹인 비타민 건강보조식품 시장 규모로 대체함.
2) 2022년 점유율 기준
[자료: Euromonitor]

[그림 35] 유통채널별 점유율[72]

---

72) 베트남 유산균 제품 시장 높은 성장세, kotra해외시장뉴스,2023.01.10

베트남에서 건강기능식품은 주로 약국(39.4%), 방문판매(28.4%), 드럭스토어(10.7%)에서 유통되고 있다. 베트남의 소비자들은 전통적으로 전문가(약사)에게 상담을 받으며 믿고 구매할 수 있다는 이점 때문에 약국 유통채널을 이용해 왔다. 그러나 최근 약국을 통해 판매되는 제품 중 진품이 아닌 사례가 발견되면서 편리한 쇼핑환경을 갖추고 품질 및 출처를 신뢰할 수 있는 체인형태의 드럭스토어 이용비중이 증가하고 있다. 이로 인해 베트남 내 교민잡지에 따르면 드럭스토어는 소비자들의 수요가 다양해짐에 따라 기존의 뷰티제품뿐만 아니라 천연 건강기능식품 등 여러 종류의 제품을 한 매장 안에 유통하고 있다. 베트남 소비자들의 선호가 체인점 형태의 전문 유통점으로 점점 이동하는 주요 이유로는 전문적이고 편리한 고객 서비스, 넓은 매장 공간이 주는 편안함 등이 꼽힌다.

건강기능식품 인터넷쇼핑 비중 또한 최근 5년간(2015-19년) 상승 추세를 보이고 있는데, 인터넷 및 스마트폰 보급 확대로 전자상거래에 친숙한 소비자들이 증가하고 있기 때문이다. 온라인 채널의 경우 제한된 오프라인 매장보다 더 다양한 종류의 제품에 접근할 수 있고 제품별 비교, 분석이 용이하다는 점에서 젊은 층을 중심으로 인기를 얻고 있다. 실제로 베트남 온라인 쇼핑몰 라자다(Lazada)에는 건강기능식품 전용 카테고리가 있으며 연질캡슐, 경질캡슐, 환 등 다양한 건강기능식품이 판매되고 있다. 또한 Lazada, Shoppe 등 일반 전자상거래 업체뿐만 아니라 Nhathuoc365와 Guardian같은 대형 약국 및 드럭스토어 체인 또한 자사 홈페이지를 통해 온라인으로 건강기능식품을 판매하고 있는 추세이다. 특히, 최근 코로나19 사태로 비대면이 트랜드로 자리잡으며 향후 전자상거래를 활용한 소비문화가 더욱 보편화될 것으로 기대된다.

〈건강기능식품(HScode 210690) 수입 현황 (ITC Trade Map)〉

구분	'18	'19	'20
	금액(백만U$)	금액(백만U$)	금액(백만U$)
총계	589.2	789.9	795.8
미국	175.3	259.4	227.6
싱가포르	138.8	206.1	210.3
말레이시아	41.4	43.4	43.1
뉴질랜드	15.0	25.9	34.5
중국	26.2	29.1	32.5
한국	24.2	29.5	30.1

[그림 36] 베트남 건강기능식품 수입 현황[73]

코로나19로 생활 방식이 변화하면서 베트남에서 뉴노멀 시대가 열리고 있다. 외출금지와 같은 강력한 봉쇄 조치로 전자상거래와 전자 결제 등 비대면 소비가 크게 늘

---

73) 베트남 유산균 건강기능식품 시장 동향, 농식품수출정보

어났고, 건강기능식품과 가정 간편식에 대한 관심이 높아졌다. 2022년에는 여행·관광과 건설 분야가 유망할 것으로 전망된다.

따라서, 비대면 트렌드의 확산으로 전자상거래 시장은 급격히 성장했다. 2021년 베트남 전자상거래 시장은 전년대비 10% 증가한 130억 달러의 매출액을 기록할 것으로 전망된다.

지난해 3분기 베트남의 상위 10대 전자상거래 플랫폼의 총 방문 횟수는 태국의 2배, 말레이시아의 3배에 달하며, 2025년까지 연평균 성장률은 동남아시아에서 가장 높은 35%에 이를 전망이다.

또한, 베트남에서는 환경오염 심화와 서구식 고칼로리 식습관 확산에 따른 비만율 증가로 인해 건강식품에 대한 수요가 높아지는 추세다.

이러한 트렌드는 코로나19를 겪으며 더욱 확산됐다. 기존 베트남 소비자들은 상품 구매 시 가격을 최우선으로 고려했지만, 코로나19 발생 이후에는 건강 및 위생을 중시하게 됐다. 코로나19 발생 첫 해인 지난 2019년 시장조사업체 닐슨이 실시한 소비자 관심사에 대한 설문조사에 따르면 응답자의 44%가 주요 관심사로 '건강'을 선택하기도 했다.

특히 비타민과 제비집, 홍삼 등 면역력 증진에 도움이 되는 건강기능식품에 대한 관심이 증가했다. 이는 베트남의 건강기능식품(HS Code 210609) 수입 규모 추이로 확인해 볼 수 있는데, 2020년 기준 베트남의 건강기능식품 수입액은 약 7억 7,000만 달러 수준으로 지난 2016년(4억 7,000만 달러)에 비해 62.5% 증가했다. 건강기능식품 외에도 고가의 수입식품, 유기농, 친환경 제품에 대한 관심도 높아지고 있다.

하노이와 호찌민 등 대도시를 중심으로 가정 간편식에 대한 수요도 증가하고 있다. 집에 머무르는 시간이 늘면서 식료품 구매가 줄었고, 냉동 즉석 식품 비축에 대한 수요가 증가했기 때문으로 분석된다. 2021년 베트남의 가정 간편식 시장 규모는 1억 5,000만 달러 수준으로 2019년(1억 4,000만 달러) 대비 8.63% 확대됐으며, 수입 규모 역시 2019년 대비 9% 성장한 약 2,900만 달러를 기록했다.

베트남에 진출한 한국 가정 간편식은 떡볶이, 라면 등 매운맛을 강조한 제품들과 만두가 주를 이룬다. 최근에는 냉동 제품 유통에 필수인 콜드체인(냉장·냉동 유통 인프라)에 대한 투자가 확대되면서 향후 밀키트, 즉석조리식품 시장 역시 더욱 확대될 것으로 전망된다.

또한, 포스트코로나 시대에 베트남 소비자의 건강에 대한 관심은 더욱 늘어날 것으로 예측된다. 시장조사업체 유로모니터가 지난해 10월 발표한 2021년 베트남 소비자 라이프스타일 보고서의 설문조사에 따르면, 응답자의 71%가 식품 및 음료 구매 시 건강을 고려한다고 답했다.

이외에도 응답자의 38%가 향후 의료 비용 지출을 늘릴 것이라고 답했다. 또한 응답자의 52%는 건강 유지를 위한 건강검진, 영양제 복용, 주기적 운동 등을 하고 있으며, 향후 건강과 웰빙 분야의 지출을 더욱 늘릴 것이라고 답했다.

베트남에서 인기 있는 건강기능식품은 미용 및 다이어트 보조제와 디톡스 제품이다. 주로 여성층을 중심으로 수요가 높다. 또한 중장년층을 대상으로 한 노화 방지 및 뼈 건강 관리 제품의 인기도 증가하고 있다.

실제로, 베트남 건강기능식품 시장은 급속도로 성장하고 있는데, 지난 2016년 12억 1,000만 달러 규모였던 베트남 건강기능식품 시장은 2021년 21억 900만 달러로 5년 만에 73% 이상 성장한 것으로 전망된다.

급격한 기후 변화는 소비자들로 하여금 환경 보호와 지속 가능한 소비에 대한 인식을 높이고 있다. 호찌민시 호아센(Hoa Sen) 대학교 심리학과 판 뜨엉 옌(Phan Tuong Yen) 교수에 따르면 베트남의 주요 소비층으로 떠오르는 Z세대는 향후 사회 환경적으로 긍정적인 영향을 미치는 제품과 서비스를 소비할 가능성이 크다고 밝혔다. 향후 이들을 중심으로 친환경 제품에 대한 수요가 증가할 것으로 전망된다.

베트남 기업들도 친환경 트렌드를 적극 수용한 제품을 출시하고 있다. 베트남 2위 유제품 생산기업인 TH True Milk(TH 트루 밀크)는 우유팩과 플라스틱 용기 등 포장재를 모두 친환경 소재로 사용하고 있다. 뿐만 아니라 2030년까지 시중에 유통되는 제품의 포장재 100%를 수거하겠다는 목표를 발표했다. 이외에도 프랜차이즈 커피 전문점을 중심으로 플라스틱 빨대와 접시는 종이로 대체되고 있으며, 하이랜드 커피(Highlands Coffee)의 경우에는 비닐 포장재의 사용을 중단하고 생분해 성분의 포장재를 사용하기 시작했다.

정부 차원에서도 친환경 정책에 속도를 내고 있다. 지난 1일 개정 환경보호법(No. 72/2020/QH14)을 발효했으며, 환경보호 정책, 생산 제조 기업의 환경 보호 책임, 환경 영향 평가(EIA) 대상 사업 등에 대한 세부 규정이 마련될 전망이다. 태양광을 중심으로 풍력 등 신재생 에너지 개발에도 적극 나서고 있다.

또한 탄소 배출 규제에 대한 전 세계적인 공감대가 형성되기 시작하면서 베트남 역시 전기차 인프라 확충에 적극 나서고 있다. 베트남 완성차 제조업체인 빈패스트(Vinfast)는 지난 11월 2021 LA오토쇼에서 전기차 SUV 모델을 공개했으며, 하띤(Ha Tinh)성에 전기차 배터리 공장 건설을 발표하며 내년부터 본격적인 전기차 생산에 돌입할 것으로 전망된다.

뿐만 아니라 수많은 오토바이의 매연으로 베트남에서 가장 높은 수준의 온실가스 배출량(3,850만 톤)을 기록하고 있는 호찌민시는 5개의 전기버스 노선을 2년간 시범 운영할 예정이다. 다낭시 역시 지난 2017년 공용 충전소를 설치한 이후 향후 10년 동안 300여 개의 전기차 충전소를 추가 건설하는 등 친환경 인프라 개발에 박차를 가할 예정이다. 특히, 올해 첫 전기차 모델을 출시할 예정인 빈패스트는 빈홈(Vinhomes), 빈컴센터(Vincom Centre) 등에 2,000개 이상의 전기차 충전소 '그린스테이션'을 설치할 계획이어서 베트남의 변화가 예상된다. 향후 전기차 충전소 등 친환경 인프라가 구축되면서 대도시를 중심으로 전기 오토바이와 전기차의 판매도 증가할 것으로 예상된다.

뿐만 아니라, 전 세계적으로 건강에 대한 관심이 높아지면서 한국의 대표 건강식품인 홍삼의 인기도 증가세다.

KGC인삼공사에 따르면 휴대와 섭취가 간편한 스틱형 홍삼제품 '에브리타임'은 일본, 대만, 홍콩, 말레이시아, 싱가포르, 베트남 등 아시아 6개 지역에서 매출 1위를 기록했다.

해외 홍삼 시장에서 가장 큰 비중을 차지하는 곳은 중국이다. 중국은 한국에서 생산되는 홍삼을 '고려삼'이라고 따로 지칭하며 한국의 홍삼을 중국산 인삼과는 다른 고급 약재로 인식하고 있다.

아시아 국가를 제외하고 미국과 호주, 중동 지역에서도 홍삼의 인기가 높다. KGC인삼공사는 코로나 이후 홍삼의 수요가 더욱 높아짐에 따라 이커머스를 중심으로 홍삼 판매를 확대하고 있다. 해외 법인들의 홈페이지를 모두 온라인 쇼핑몰 형태로 바꾸고, 티몰이나 아마존 등 해외 대형 온라인 커머스에 정관장 제품 판매를 늘리는 중이다.

김치는 코로나19 사태 이후 외국에서 면역력을 높이는 건강식품이라는 인식의 확산과 한류열풍의 영향으로 인기가 뜨겁다. 지난해 김치 수출액은 사상 최대치를 기록했다. 관세청과 식품업계에 따르면 지난해 김치 수출액은 전년보다 10.7% 증가한 1억 5,992만 달러로 사상 최대 규모였다.

이에 국내 기업들은 글로벌 영토 넓히기에 분주한 모습이다. 대상 종가집 김치는 현재 미주와 유럽, 대만, 홍콩 등 아시아를 포함한 전 세계 40여 개 국가에 진출해있다. 종가집의 김치 수출액은 2016년 2,900만 달러(약 346억원)에서 2020년 5,900만 달러(약 704억원)로 103% 이상 증가했다.

CJ제일제당은 2016년부터 베트남에서 현지 생산을 통해 현지인의 입맛에 맞는 김치를 생산하고 있다. CJ제일제당은 일본, 유럽연합, 싱가포르, 필리핀, 태국, 미국 등의 국가에 김치를 수출 중이다. CJ제일제당은 북미 시장 공략에 더욱 속도를 낼 계획이다.[74]

---

74) 베트남에 부는 뉴노멀 바람... 전자상거래 시장 활성화/ 무역경제신문

05

건강기능식품 기업 현황

5. 건강기능식품 기업현황[75][76][77]

건강기능식품 시장에 참여하고 있는 브랜드는 크게 4개의 업계로 나눌 수 있다. 먼저 건강기능식품만을 전문적으로 다루는 업체가 있는데, 대표적인 예로 한국인삼공사(정관장), 한국암웨이(뉴트리라이트), 한국허벌라이프 등을 들 수 있다. 이러한 건강기능식품 전문 업체의 경우 정관장 외에는 수입 브랜드가 시장에서 주요 플레이어로 참여하고 있다는 특징을 보이고 있다.

두 번째로는 식품 업체가 건강기능식품 분야에 뛰어든 경우가 있다. 건강기능식품 분야에 진출한 식품 브랜드는 CJ제일제당(CJ뉴트라), 대상,(대상웰라이프), 한국야쿠르트(브이푸드&쿠퍼스), 롯데제과(헬스원), 풀무원건강생활(그린체) 등이 대표적이다.

세 번째로는 제약 업체가 건강기능식품 분야로 사업 분야를 확장한 경우이다. 건강기능식품 시장에 참여한 주요 제약 업체로는 광동제약, 종근당건강, 한미약품 등이 있다.

마지막으로 아모레퍼시픽 등 화장품 업체가 건강기능식품 분야에 진출한 경우를 들 수 있다.

---

75) 2013 가공식품 세분 시장 현황 - 건강기능식품 시장 Market Report 농림축산식품부, 한국농수산식품유통공사
76) '15년 건강기능식품 생산실적 1.8조원, 지난 해 대비 12% 증가 - 면역기능 개선 제품, 비타민 제품 성장세 - 식품의약품안전처 보도자료. 2016.08.
77) 건강기능식품 시장 동향, 연구성과실용화진흥원 (S&T Market Report vol. 41 (2016.10.)

가. 국내기업

1) 한국인삼공사

소재지 : 대전광역시 대덕구 벚꽃길 71(평촌동)
창립일 : 1999년 1월 1일
매출액 : 1조 3,059억 8,803만원 (2022.12.31)
웹사이트 : http://www.kgc.or.kr

가) 기업개요

한국인삼공사(KGC 인삼공사)는 1999년에 KT&G의 자회사로 설립되어 홍삼 및 홍삼 제품 등을 제조, 판매하는 기업이다. 전국에 1,300여개의 유통망을 가지고 있으며 전 세계 60여 개국에 수출·판매 중이다. 세계 최대 규모의 고려인삼창 공장인 부여공장과 원주공장에서 호주, 일본 GMP 인증을 받은 현대식 제조시설을 가동하여 좋은 제품을 생산하고 있다.

2013년에는 7년 연속 '한국 산업의 브랜드 파워(K-BPI)' 건강식품 부문 1위에 선정되며 건강기능식품 브랜드에서 탄탄한 인지도를 쌓았으며, 2015년에는 자회사인 KGC 예본이 대만 건강기능식품회사 KG 인터내셔널과 천연물 건강기능식품 소재 및 제품 개발을 위한 MOU를 체결하기도 했다. 2016년 KGC인삼공사는 건강기능식품 업계 최초로 매출 1조원을 달성했고, 2020년에는 건강식품 부문 14년 연속 1위를 차지하기도 했다.

나) 대표브랜드 : 정관장

정관장은 KGC인삼공사의 홍삼제품 브랜드이다. 많은 사람들이 홍삼하면 정관장을 떠올릴 정도로 홍삼 분야에서 정관장이 가지고 있는 프리미엄은 매우 크며, 건강기능식품 분야 전체에서도 1년에 3000억 이상의 매출을 올리는 국내 1위의 건강기능식품이다. 특히 주력상품 중 하나인, '정관장 홍삼정 에브리타임'은 2019년 누적 판매수량 2억포 돌파했는데, 이는 우리나라 국민 1인당 약 4포를 섭취한 셈이다. 정관장 홍삼정 에브리타임은 국내산 6년근 홍삼농축액에 정제수만 넣어 휴대와 섭취가 간편하도록 만든 제품인데, 홍삼을 스틱형으로 선보인 건 정관장 홍삼정 에브리타임이 최초다.[78]

---

78) 정관장 홍삼정 에브리타임, 누적 판매수량 2억포 돌파, 뉴데일리경제, 2020.02.19

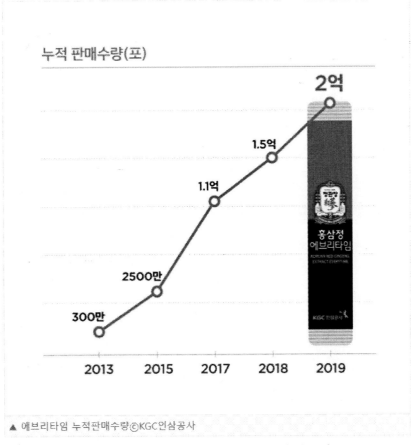

[그림 37] 에브리타임 누적판매수량

[표 29] 한국인삼공사 대표 제품

2) CJ제일제당

소재지 : 서울특별시 중구 동호로 330 씨제이제일제당빌딩
창립일 : 2007년 9월 4일
매출액 : 7조 8,426억원 (2022.12.31)
웹사이트 : http://www.cj.co.kr/

가) 기업개요

CJ 그룹에 속한 계열사로서, CJ 제일제당은 국내 식품산업의 발전을 선도한 국내 1위의 종합식품회사로, 1953년 제일제당공업주식회사로 출범한 이래, 소재식품에서 시작해 가공식품으로 사업영역을 확대하였으며, 2007년 9월 CJ주식회사에서 기업 분할된 이래 식품과 생명공학에 집중하고 있다. 2018년 11월 미국 냉동식품 전문 기업 '슈완스'를 인수했다.

CJ제일제당은 식품분야에서는 설탕, 밀가루, 식용유, 조미료, 장류, 육가공식품, 신선식품 등을 생산 판매하며, 생명공학사업은 동물사료, 전문의약품 및 일반의약품, 아미노산 등을 생산 판매한다.
CJ제일제당의 올 2023년 2분기 실적은 매출액 7조3003억원, 영업이익 3203억원으로 전년 동기 대비 각 2.9%, 36.5% 하락하며 시장 컨센서스를 밑돌 전망이다. [79]

나) 대표브랜드 : CJ웰케어

CJ제일제당은 지난 2002년 'CJ뉴트라'라는 브랜드로 시작한 건강기능식품(건기식)사업을 지난 2022년 1일 CJ웰케어로 분리하고 R&D(연구·개발), 마케팅, 영업 전 과정에서 경쟁력을 확보하고 있다.
CJ웰케어는 CJ제일제당에서부터 출시한 건기식 대표제품 'BYO유산균'은 2022년 8월 누적매출 2,500억을 돌파했고, 10월에는 소비자의 선택 유산균 부문 3년 연속 수상 실적을 달성했다.
올 2023년 6월에는 비대면 진료 및 상담, 케어푸트 판매 서비스를 제공하는 '블루앤트'와 업무협약(MOU)를 체결해 개인 생활 습관과 건강 정보 데이터를 기반으로 개별 고객에게 알맞은 건강기능식품을 추천하고 새로운 맞춤형 제품을 개발하는 등 소비자의 눈높이에 맞춘 차별화 서비스를 제공하겠다는 계획을 갖고 있다. [80]

---

79) 이베스트證 "CJ제일제당, 여전히 업황 저점 통과 중…목표가↓", 뉴시스
80) CJ웰케어, 디지털 헬스케어 기업 블루앤트와 MOU 체결, 뉴시스

[표 30] CJ제일제당 대표 제품

BYO 바이오코어	팻다운	이너비 콜라겐
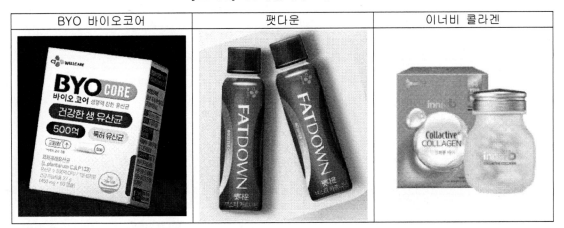		

3) 대상(주)

소재지 : 서울특별시 동대문구 천호대로 26 대상빌딩
창립일 : 1956년 1월 31일
매출액 : 3조 2,896억원 (2022.12.31)
웹사이트 : www.daesang.co.kr

가) 기업개요

1956년에 조미료 및 식품첨가물 제조업 등을 영위할 목적으로 설립된 식품 회사이다. 식품사업과 소재사업, 해외식품 등을 주요사업으로 하고 있다. 국내 대표적인 종합식품 브랜드인 '청정원'을 중심으로 '순창고추장', '햇살담은 간장' 등 전통 장류부터 '미원', '감치미', '맛선생' 등의 조미료류, 식초, 액젓 등의 농수산식품 등을 생산, 판매하고 있다. 소재사업으로 첨단 발효기술을 바탕으로 한 핵산, 글루타민 등의 바이오 제품을 생산하고 있으며, 국내 최대의 전분당 규모를 바탕으로 제빵, 제과, 가공식품의 원료로 사용되는 전분 및 전분당 제품을 생산, 판매하고 있는 회사이다.

나) 대표브랜드 : 대상웰라이프

대상주식회사가 2002년 국내 최초로 도입한 건강전문브랜드로서, 다양한 유통 채널을 통해 판매되고 있다. 2010년 국내 환자식 HACCP 인증을 획득하며 국내 환자용 균형영양식 뉴케어를 주력으로 하여 그 외에도 식사대용식 제품으로 출시된 '마이밀'

을 비롯, 대상의 오랜 연구 노하우로 만들어진 클로렐라, 홍삼, 비타민류 등 다양한 건강기능식품을 출시하고 있다.

[표 31] 대상 대표 제품

뉴케어	마이밀 뉴프로틴	클로렐라 플래티넘

4) 아모레퍼시픽

소재지 : 서울특별시 중구 청계천로 100 시그니쳐타워 서관 5~13층
창립일 : 2006년 6월 1일
매출액 : 2조 8,744억원 (2022.12.31)
웹사이트 : http://www.apgroup.com

가) 기업개요

아모레퍼시픽은 1945년 설립된 태평양화학공업사를 모체로 한 화장품 제조 및 판매, 생활용품의 제조 및 판매, 식품 제조, 가공 및 판매사업 업체이다. 사업부문은 화장품과 MCandS(Mass Cosmetic and Sulloc)사업부문으로 구분할 수 있다. 주요 사업은 생활용품, 식품(녹차류, 건강기능식품 포함), 화장품 등의 제조, 가공 및 판매이다. (주)아모레퍼시픽그룹의 자회사이며, 연결대상 종속회사로 해외 지주회사 AGO를 비롯하여 중국·싱가포르·일본·프랑스·타이완·베트남·태국·말레이시아·인도네시아·인도 등지의 해외 현지법인이 있다.

주요 브랜드는 라네즈, 리리코스, 마몽드, 미래파, 베리떼, 설화수, 아모레퍼시픽, 아이오페, 오딧세이, 프리메라, 한율, 헤라 등이다. 2013년 매출은 3조 1천4억 원으로 화장품 매출 1위를 기록한 바 있고, 계속해서 온라인 플랫폼 입점을 확대하고 전용 제품을 출시하는 등 디지털 채널에서도 견고하게 성장하며 브랜드의 온라인 매출도

성장을 지속해오고 있는 추세이다.

나) 대표브랜드 : 바이탈뷰티

바이탈뷰티는 아모레퍼시픽의 건강기능식품 브랜드로, 아모레퍼시픽은 화장품 및 뷰티기업인 만큼 건강기능식품 또한 뷰티 컨셉 위주로 구축하였다. 바이탈뷰티의 대표 건강기능식품 제품으로는 '메타그린', '슈퍼콜라겐' '녹차에서온 유산균' 등이 있다.

[표 32] 아모레퍼시픽 대표 제품

메타그린 골드	슈퍼콜라겐	녹차에서온 유산균

나. 해외기업

1) GNC

소재지 : 미국 펜실베이니아주 피츠버그
창립일 : 1935년
웹사이트 : www.gnc.com

가) 개요

제너럴 뉴트리션 센터 (General Nutrition Centers, GNC)는 미네랄, 비타민, 스포츠 영양 보충제, 에너지 상품, 허브 류 등 건강 관련 기능 식품을 생산, 판매하는 전문 기업이다.

1935년 LACKZOOM이라는 이름의 작은 건강식품 상점으로 출발한 GNC는 그 후 건강식품의 판매가 늘어나자 1960년 회사 이름을 "GENERAL NUTRITION CENTER(GNC)"로 변경하여 오늘날에 이르렀다. 건강에 대한 대중의 관심 확산과 함께 급격히 커져 한때는 매장이 9천개를 넘기도 했다. 현재도 미국 내 매장만 약 5천 200개에 달한다. GNC는 2002년 한국 식품 업체인 동원 F&B와 제휴를 맺으며 국내 시장으로 진출하기 시작했으며, 국내시장 진출 후 매년 비약적인 매출 증가를 거듭해

왔다. 그러나 GNC는 한동안 건강보조제 시장의 강자였으나 일반적인 다른 소매점처럼 온라인 쇼핑의 확산에 제때 적응하지 못하면서 경영에 어려움을 겪기 시작했다. 여기에 2020년 코로나19 확산으로 매장 영업조차 어려워지면서 최근 2020년 6월, 파산보호를 신청하였으며, 지난 2021년 8월, 서비스 종료 되었다.[81]

나) 대표브랜드

 GNC는 따로 브랜드를 가지고 있지는 않으며, 회사명이 일종의 브랜드로 작용하고 있다. 간 건강 개선기능, 눈 건강 개선 기능, 면역, 증강기능, 뼈 건강 개선 기능, 피부 개선기능, 항산화 기능 등 다양한 기능을 가진 제품을 출시하고 있다.

[표 33] GNC 대표 제품

GNC 밀크시슬	GNC 트리플 스트렝스 오메가3 피쉬오일	GNC 메가맨

2) 솔가

소재지 : 미국 뉴저지주 레오니아
창립일 : 1947년
웹사이트 : http://www.solgar.com/

가) 개요
1947년 설립된 솔가는 업계 최초로 고효율성 미네랄 함유 천연 멀티비타민을 출시한 이후 70여 년 동안 약 50여개의 국가에서 450여개의 제품을 제공하고 있는 글로벌 기업이다. 솔가는 의학적인 치료보다 우리 신체를 구성하는 비타민과 미네랄 보충을 통해 질병 예방이 더 낫다는 믿음으로 기업활동을 시작한 것으로 알려져 있다. 솔가

---

81) GNC/ 네이버 나무위키

는 미국 뿐 아니라 영국, 독일, 프랑스 등 유럽시장에서도 백화점, 유기농전문점 등 전문 스토어에서 고가격 브랜드로 판매되고 있다.

솔가는 1947년 설립 이후 품질 보증 정책에 따라 설탕, 전분, 소금 그리고 충전제를 일체 사용하지 않고 있다. 비타민 충전제로 일반적으로 사용하는 돼지나 소 젤라틴 대신 캡슐까지 식물성 원료를 사용, 완전 채식주의자까지 제품 섭취가 용이 하도록 했다. 이러한 차별화의 결과 비타민 브랜드 최초로 코셔 인증을 받았으며 현재 코셔, 할랄 인증 획득 제품 품목을 확대 중에 있다.

나) 대표브랜드

솔가는 미국의 대형 건강기능식품 기업인 NBTY의 자회사로서, 솔가라는 회사명이 일종의 브랜드로 작용하고 있다. 종합비타민과 비타민 제품이 주력 품목이며, 그 외에도 칼슘, 마그네슘, 오메가 3, 유산균, 루테인, 관절MSM, 비오틴 등 다양한 제품 있다.

[표 34] 솔가 대표 제품

솔가 네이처바이트 종합비타민	솔가 엽산 400	솔가 철분 25
	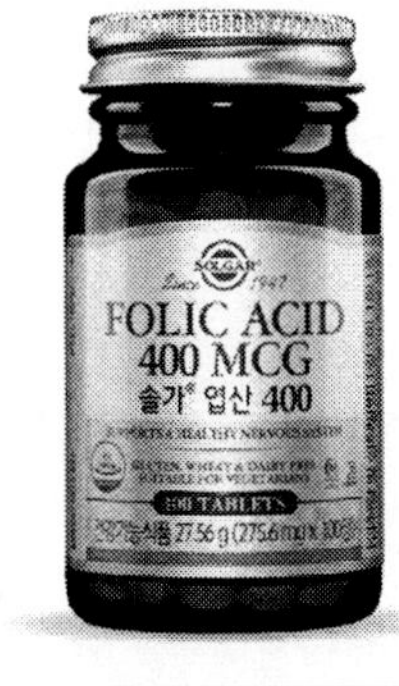	

3) 암웨이

소재지 : 미국 미시간주 에이다
창립일 : 1959년
웹사이트 : www.amway.com

가) 개요

암웨이는 미국의 건강기능식품, 화장품, 생활용품, 가정기기 직접판매(Direct selling)회사이다. 주요 브랜드로는 뉴트리라이트(건강기능식품), 아티스트리(화장품),

이스프링(정수기), 앳모스피어(공기청정기) 등이 있다. 가정용 제품부터 건강기능식품, 화장품에 이르기까지 450개 이상의 제품을 제조하는 암웨이는 2010년, 북미지역 온라인 시장에서 건강과 미용 제품 판매부문 1위를 차지하였으며, 제품 첨가물 및 기술과 관련해 200개 이상의 특허권을 보유하고 있다.

 1988년 정식으로 설립된 한국암웨이(주)는 1991년부터 본격적인 영업을 시작한 이래 많은 고객들의 신뢰 속에 성장해왔다. 한국암웨이는 현재 1,000여종의 다양한 제품을 판매하고 있다.

나) 대표브랜드 : 뉴트리라이트

 뉴트리라이트는 암웨이의 건강기능식품 전문 브랜드로서, 암웨이의 다단계 유통망 등을 통해 판매되고 있다. 유기농 원료 컨셉 하의 다양한 건강기능식품을 출시하고 있으며, 더블엑스 종합 비타민 무기질, 새몬 오메가-3, 인테스티플로라7 프로바이오틱스, 뉴트리키즈 비타민 무기질 등이 대표상품이다.

[표 35] 암웨이 대표 제품

더블엑스 종합 비타민 무기질	새몬 오메가-3	밸런스 위드인 프로바이오틱스

4) 허벌라이프

소재지 : 미국 캘리포니아주 로스앤젤레스
창립일 : 1980년
웹사이트 : http://www.herbalife.com

가) 개요

 허벌라이프는 1980년 기업가 마크 휴즈(Mark Hughes)에 의해 미국 캘리포니아에 설립된 체중관리 및 뉴트리션 제품, 스킨케어 제품을 판매하는 뉴트리션 전문 기업이

다. 전 세계 90여 개 국에서 직접 판매 방식으로 제품을 판매하고 있으며, 2003년부터는 제품개발 공정 혁신을 위해 연구개발 부문에 투자하여 2009년 캘리포니아에 FDA에서 cGMPs 승인을 받은 생산 시설을 구축하기에 이르렀다. 또한 2010년에는 허벌라이프는 중국 후난성의 창샤 지역에 식물 추출물과 파우더 및 순수배합물 연구 시설을 설립하였으며 2012년에는 미국 노스 캐롤라이나주 윈스턴 세일럼에도 대규모 최첨단 생산 시설을 구축하였다.

나) 대표브랜드

허벌라이프는 따로 브랜드를 가지고 있지는 않으며, 자사의 이름이 일종의 브랜드 역할을 하고 있다. 단백질 원료를 이용한 체중조절 제품이 주력 상품이며, 그 외에도 드링크제품, 알로에제품, 홍삼제품 등 다양한 원료를 이용한 파우더 제품을 생산·판매 하고 있다.

[표 36] 허벌라이프 대표 제품

Formula2 멀티비타민·무기질 컴플렉스	Formula3 퍼스널 단백질 파우더	허벌 알로에 겔 오리지날

06

건강기능식품 기술연구 현황

6. 건강기능식품 기술연구 현황[82)]

건강기능식품 관련 기술은 크게 탐색기술, 소재화기술, 제품화 기술로 분류할 수 있다. 탐색기술은 수요예측 및 후보소재 도출기술로 분류 할 수 있으며, 소재화기술은 원료소재의 표준화, 안전성확보, 기능성확보 기술로 나눌 수 있다.

[표 37] 건강기능식품 개발 관련 기술 분류

대분류	중분류	소분류
탐색 기술	수요예측기술	기술/상품 시장동향 조사기술
		기술/상품 기대수요 예측기술
	후보소재 도출기술	유효성분 추출 정제 및 가공기술
		기능성분 및 물질해석기술
		구조개질 기술
		성분배합 기술
		생물전환기술 및 분자육종기술
		기능성정보 구축 및 활용기술
		표적유전자 탐색기술
		질환동물모델 개발기술
		예비 독성/안전성 시험기술
		기타 후보소재탐색기술
소재화 기술	소재표준화기술	원료 확보기술
		지표물질 설정 및 분석기술
		기능성분 등 물질해석기술
		제형 확보기술
		미량성분 소재화 기술
		소재 설계기술
	안정성확보기술	안전성 시험기술 : 일반독성기술, 특수독성시험기술, 대사독성시험기술 등
	기능성확보기술	기능성 시험기술 : in vivo, in vitro 생화학 검정기술, 기능성 검정기술, 생화학지표(biomarker) 설정기술, HTS 관련기술, 정성/병태 동물 효력검정기술, 기타 기능성 검색 관련 기술
		인체시험기술 : 임상시험단계 약물-식품상호작용, 임상시험기술, 기타임상시험 관련 기술
		임상설계/관리기술
		GCP 확보기술
		기능성 시험법 개발기술
		작용기전 규명 기술
제품화 기술	건강기능식품 제품화기술	마케팅 활용기술 : 시장조사 및 예측기술
		제품설계기술
		제품가공 및 품질 적성 기술
		제품공정 생산기술
		제품포장기술
		제품규격화 및 품질관리 기술
		GMP 관리기술

---

82) 건강기능식품 연구 및 기술개발동향, 생명공학정책연구센터 (2012.2.)

가. 특허분석

　건강기능식품 소재화 기술 관련 연구 및 이를 응용한 활용기술에 대한 국내·외 특허를 분석해 보도록 하자.

　특허청은 건강기능식품 상표출원이 2017년 2,105건에서 2021년 7,145건으로 5년간 239%나 큰 폭으로 증가했는데, 이는 같은 기간 건강기능식품 시장규모가 20.9% 성장한 것과 비교해서 10배가 넘는 증가폭이다. [83]
　국가별 출원비중 조사 결과 한국이 전체의 41%를 차지하고 있으며 미국 26%, 일본 19%, 유럽 16% 순으로 나타났다. 미국, 일본 유럽의 경우, '건강 기능성 식품' 자체를 정의하고 있지는 않으며, 기능성 물질 및 소재와 관련하여 약학적 조성물에 관련된 특허가 존재한다. 특허 조사 시에는 한국 건강 기능성 식품 분류에 따른 효과에 기초하여 특허를 조사하므로 한국 이외의 국가들은 상대적으로 적은 건수의 특허가 도출되는 것으로 분석된다. [84]

　전 세계 특허출원 건수를 대상으로 연평균 증가율을 보면, 전체적으로 폭발적으로 특허 출원 건수가 증가하고 있음을 알 수 있었다. 2011년 즈음에 특허출원 건수가 일시적으로 큰 폭으로 감소했는데, 이는 특허등록 18개월 이후에 해당 건을 공개한다는 새롭게 개정된 특허공개제도에 의한 일시적인 현상인 것으로 분석되었다.

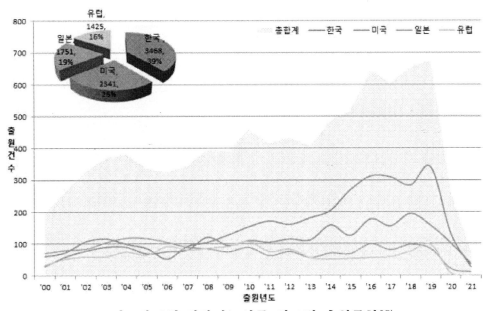

[그림 38] 건강기능식품 연도별 출원동향[85]

---

83) 건강기능식품의 대중화, 상표출원 폭증, 특허청, 2022.07.04
84) 전략제품 현황분석 건강기능성식품,
85) 전략제품 현황분석 건강기능성식품,

중국은 2005년 이후부터 건강기능식품 출원량이 급격하게 증가하는 것으로 나타나며, 한국은 1995년 이후 꾸준히 증가하던 출원량이 13년도에 다소 주춤하다가 다시 증가하는 추세를 보인다.

일본은 90년대 이후 저조한 출원량이 14년도 다소 증가하였으나 다시 감소하는 추세를 보인다. 미국과 유럽은 출원을 시작한 이후 꾸준히 출원량이 적으며, 증가폭이 크지 않다.

건강기능식품의 해외특허 주요 출원인의 출원현황을 살펴보면, 건강기능성 식품 분야의 전체 주요출원인 1위는 Nestec(유럽), 2위 한국식품연구원(한국), 3위 Nutricia(유럽), 4위 MJN US Holdings(미국), 5위는 Nestle(유럽)으로 나타나면서, Nestec는 주로 프로바이오틱스 미생물 조성물 및 이를 포함하는 식품에 관련된 특허 출원하고 Nutricia는 올리고당류, 초유 등을 포함한 면역강화 조성물에 관련된 특허 출원하며, MJN US Holdings는 락토페린, 단백질 등을 포함한 영양 조성물에 관련된 특허 출원하였다.

건강기능식품의 소재화 기술 관련 특허를 가장 많이 보유한 국가는 미국이었다. 미국은 643.979건의 특허를 보유하고 있었으며, 이것은 전체 특허의 67%가량으로 미국이 건강기능식품 소재화 기술 분야의 기술 개발을 주도하고 있음을 알 수 있다. 그 다음으로 많은 특허를 가진 나라는 유럽 139,415건, 중국 19,227건, 일본 14,944건, 러시아 2,145건이었으며 국내에서 출원된 건강기능식품 소재화기술 특허는 2,808건이었다. 상위 그룹의 특허가 전체의 대부분을 차지하고 있었으며, 미국을 비롯한 소재화 기술 선도 국가에서 관련 기술 개발을 이끌고 있음을 알 수 있었다.

[그림 39] 세계 건강기능식품 소재화기술 특허 출원 현황

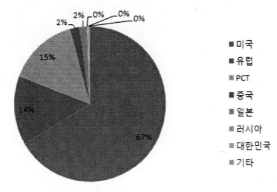

기관별로 살펴보면, 건강기능식품 소재화 기술 관련 특허를 가장 많이 보유한 기관은 미국의 DuPont사로 건강기능식품의 소재화 기술 관련 특허를 34건 보유하고 있었다. 두 번째는 스위스의 Nestec S.A.으로 32건의 특허를 가지고 있었다. 소재화 기술 관련 특허를 많이 보유한 상위 10개 기관의 국가별 현황을 살펴보면 미국기업이 6개, 미국대학이 1개, 나머지는 인도, 유럽의 기업으로 다양한 국가의 다양한 기업이 이 분야에 참여하고 있었지만 미국이 개발을 주도하고 있음을 알 수 있었다.

[표 38] 건강기능식품 소재화기술 관련 해외특허의 주요 출원기관

순위	출원기관	특허건수
1	DuPont	2,265
2	Nestec S.A.	520
3	Council Scient Ind Res	279
4	BASF	175
5	Verenium CORP	159
6	Diversa CORP	152
7	University of California	104
8	Bayer	95
9	Consejo superior de Investigaciones	
10	Merck&Co.,Inc.	

건강기능식품 소재화기술 관련 특허 중 피인용이 많이 된 주요 특허는 개개인의 건강상태에 따른 맞춤형관리 시스템이었다. 그 외에 질병의 예방과 관련된 특허도 많이 인용되는 것으로 보아 건강기능식품 소재화기술 관련 특허의 키워드는 '질병'임을 알 수 있었다.

[표 39] 건강기능식품 소재화기술 관련 주요 피인용 해외특허

번호	특허번호	명칭	출원인	출원일	피인용 횟수
1	US5899855A	Modular microprocessor-based health monitoring system	Brown, Stephen James	99.5.4.	359
2	US5478990A	Method for tracking the production history of food products	Montanari, Danny, J	95.12.26.	229
3	US5845263A	Interactive visual ordering system	Camaisa, Allan J	98.12.1.	194
4	WO1994011026A2	Therapeutic application of chimeric and radio-labeled antibodies to human B	Anderson, Darrell, R, US	94.5.26.	186

		lymphocyte restricted differentiation antigen for treatment of B cell lymphoma			
5	WO2000004730A1	Subscriber delivered location-based services	Hose, David, L	00.1.27.	171
6	WO1994009842A1	Method and devices for delivering drugs by inhalation	Rosen, Charles, A	94.5.11.	150
7	US20030208113A1	Closed loop glycemic index system	Mault, James, R	03.11.06.	140
8	US5472712A	Controlled-release formulations coated with aqueous dispersions of ethylcellulose	Oshlack, Benjamin	95.12.05.	129
9	WO1995006058A1	Polymer modification	Francis, Gillian, Elizabeth	95.3.2.	105
10	WO1998030231A1	Use of exendins and agonists thereof for the reduction of food intake	Beeley, Nigel, Robert, Arnold	98.7.16.	103
11	US20050043894A1	Integrated biosensor and simulation system for diagnosis and therapy	Fernandez, Dennis, S	05.2.24.	102
12	WO1996015148A2	Low molecular weight peptidomimetic growth hormone secretagogues	Somers, Todd, C, US	96.5.23	102
13	US20030077297A1	Pharmaceutical formulations and systems for improved absorption and multistage release of active agents	Chen, Feng Jing	03.4.24.	95
14	US6819956B2	Optimal method and apparatus for neural modulation for the treatment of neurological disease, particularly movement disorders	Dilorenzo, Daniel, J	04.11.16.	86
15	US5919216A	System and method for enhancement of glucose production by stimulation of pancreatic beta cells	Houben, Richard P. M	99.7.6.	83
16	US5660761A	Multi-component oxygen	Katsumoto,	97.8.26.	83

		scavenger system useful in film packaging	Kiyosh		
17	US20050055039A1	Devices and methods for pyloric anchoring	Burnett, Daniel, R	05.3.10.	79
18	US5890128A	Personalized hand held calorie computer (ECC)	Diza, H. Benjamin	99.3.30.	79
19	WO1997033921A1	Adhesives comprising olefin polymers	Simmons, Eugene, R	97.9.18.	78
20	US5833599A	Providing patient-specific drug information	Schrier, Robert W	98.11.10.	77

특허등고선을 통해 건강기능식품 소재화기술 관련의 주요 연구 분야와 기술 분야들을 살펴보면, 건강기능식품의 포장 및 가공과 관련한 특허가 주로 관찰되며 소재표준화기술과 관련하여 군집을 이루고 있었다. 또한 질병의 예방 및 건강의 유지·증진과 관련된 특허들도 군집을 이루고 있었으며, 유전적 변형과 같은 유전적 차원에서의 실험법 관련 특허가 일정 비중을 차지하고 있었다. 이를 통해 건강기능식품역시 영양-식이-생활습관과 질병 연관성 연구를 하는 영양 유전체학의 최근 트렌드를 따르고 있음을 알 수 있었다.

[그림 40] 건강기능식품 소재화기술 해외 특허등고선

건강기능식품 소재화기술과 관련된 국내특허 현황을 살펴보면, 바이오 관련 기업과 연구원 등지에서 출원한 기능성에 따른 영양소의 처리방법 등과 관련된 특허가 있었다. 1990년대에는 관련 특허의 출원 및 등록이 적었으나, 2000년대 초반 이후 특허 출원이 빠르게 늘어났다. 이는 해외특허 연도별 출원동향과 유사한 양상으로, 국내 관련 기술 개발 역시 세계적인 추이를 따라감을 알 수 있었다.

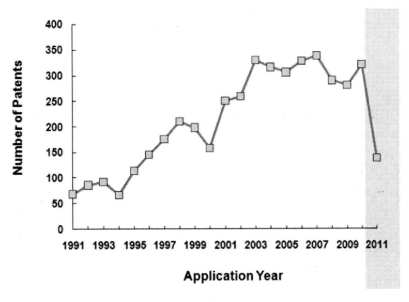

[그림 41] 건강기능식품 소재화 기술동향

86)

국내 건강기능식품 소재화기술 관련하여 주요하게 활동하고 있는 기관은 Digital
Biotech 사로 5개의 특허를 보유하고 있었다. 이외에도 RNL Bio사, 한국한의학연구
원, Lifetree Bio, Sun R&DB 등 국내 바이오 관련기업에서 많은 특허를 보유하고
있어 국내 건강기능식품 기술개발은 바이오 기업에스 주도하고 있음을 알 수 있었다.
이외에도 몇몇 식품회사 역시 관련 특허를 가지고 있었다.

 국내 건강기능성식품관련 특허의 세부내용을 분석하면, 식품 포장, 식품용기소재 그
리고 식품 표면 코팅 등 포장 및 가공과 관련한 특허가 많은 비중을 차지하고 있었
다. 또한 2000년 이후 기존의 식품공학과 나노 기술 간 융합 촉진이 기술 레벨에서
발생하고 있었으며, 바이오기술과 융합하여 일상 식생활 습관과 연관된 질병예방 관
련 소재 기술화 연구도 활발히 이루어지고 있었다. 출원된 특허 중 피인용이 가장 많
이 되고 있는 분야는 해외 특허 현황과 마찬가지로 개인 맞춤형 건강관리와 질병 예
방 관련 기술이었다.

86) 생명공학정책연구센터, 기술동향 2012

나. 논문분석

다음으로 건강기능식품 관련 논문 현황을 분석해 보도록 하자. 특허와 마찬가지로 데이터베이스에 건강기능식품 관련 키워드를 검색하였을 때 검색된 논문들을 분석해 보면, 전 세계적으로 1990년대에 건강기능식품 관련 논문들이 천천히 증가하다가 2000년대 중반부터 급속히 증가하여 2009년부터는 연간 10,000건이 넘는 논문이 발표되는 양상을 보였다. 이를 통해 건강기능식품 활용 및 응용기술 개발이 활발하게 이루어지고 있음을 알 수 있었다.

[그림 42] 건강기능식품 관련 해외논문 연도별 발표 현황

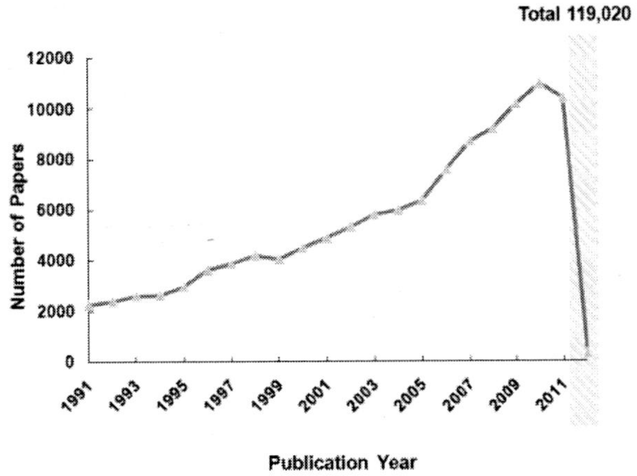

건강기능식품 관련 논문들이 많이 수록되는 주요 SCI급 저널로는 Journal of Animal Science, (IF 2.580), American Journal of clinical Nutrition (IF 6.606), Journal of the American Dietetic Association (IF 3.244) 등이 있다.

[그림 43] 건강기능식품 관련 해외 최다인용 논문

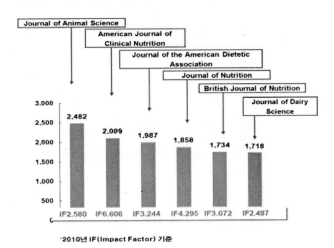

건강기능식품 관련 논문을 가장 많이 발표한 저자는 미국 하버드대의 Willett, W.C. 교수로, 총 351편의 논문이 검색되었다. Willett, W.C. 교수를 비롯하여 건강기능식품 관련 논문을 많이 발표한 저자들은 주로 대학교에 소속되어 있었으며, 상위 10개중 5개가 미국 대학교로 건강기능식품 관련 연구는 미국의 대학에서 활발히 이루어지고 있음을 알 수 있었다. 그 외에 그리스, 독일, 이탈리아 등에서도 관련 연구가 많이 이루어지고 있었다.

[표 40] 건강기능식품 관련 논문 해외 주요 저자

순위	저자	소속기관	논문편수
1	Willett,W.C.	Harvard School of Public Health	351
2	La Vecchia,C.	Universita Degli Studidi Milano	146
3	Stampfer,M.J.	Harvard School of Public Health	136
4	Story,M.	University of Minnesota	132
5	Hu,F.B.	Harvard School of Public Health	131
6	Franceschi,S.	International Agency for Research on Cancer	129
7	Colditz,G.A.	Washington University School of Medicine	122
8	Negri,E.	Mario Negri Institute for Pharmacological Research	120
9	Boeing,H.	German Institute of Human Nutrition	118
10	Trichopoulou,A.	School of Medicine, University of Athens	115

논문 현황의 기관별로 살펴보면, 전 세계적으로 가장 많은 건강기능식품 관련 논문을 발표한 연구기관은 네덜란드의 Wageningen University and Research Centre로 총 1,120편의 논문을 발표하였다. 상위 10개 기관 중 8개 기관이 미국의 연구기관으로, 1위 기관은 네덜란드이나 특허와 마찬가지로 논문 발표 역시 미국이 주도하고 있음을 알 수 있었다. 그 외에 브라질의 Universidade de SaoPaulo가 4번째로 많은 논문(854건)을 발표한 것으로 나타났다.

[표 41] 건강기능식품 관련 논문 해외 주요 기관

순위	기관명	소속국가	논문편수
1	Wageningen University and Research Centre	네덜란드	1,120
2	UC Davis	미국	1,029
3	Harvard School of Public Health	미국	877
4	Universidade de SaoPaulo	브라질	854
5	Cornell University	미국	776
6	University of Minnesota Twin Cities	미국	733
7	University of Wisconsin Madison	미국	635
8	VA Medical Center	미국	622
9	Texas A and M University	미국	620
10	University of Illinois	미국	618

건강기능식품 관련 논문들은 주로 농학, 생물학, 의학 분야에서 연구된 것이었으며, 의약 관련 학문인 독성학, 생화학, 약리학 분야의 논문도 많이 발표되는 것으로 보아 "건강기능식품 섭취를 통해 질병을 예방한다."는 관점에서 많은 연구가 이루어지고 있음을 알 수 있었다. 이는 건강기능식품 관련 논문 중 식이섭취와 에너지 소비와 관련된 기전을 통해 비만을 규명한 논문들이 많이 인용된다는 점과, 동물실험용 설치류 식이구성, 유전적 차이에 따른 식이의 관련성, 건강기능식품의 인체시험을 기술한 논문이 대부분이라는 점 역시 건강기능식품의 질병예방 효과가 많은 연구자들 사이에서 주목받고 있음을 뒷받침한다.

1992년부터 최근까지 우리나라의 저자가 참여하여 발표한 논문은 총 2,136편이다. 우리나라의 건강기능식품 관련 연구는 90년대 중반부터 시작되었으며, 2006년 이후 논문 발표가 급격히 증가하는 양상을 보였다.

[그림 44] 건강기능식품 관련 국내논문 연도별 발표 현황

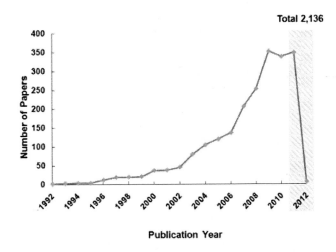

국내 저자가 참여한 건강기능식품 관련 논문들이 발표되는 주요 저널들은 Journal of Medicinal Food (IF1.461) 및 Journal of the Korean Society of Food Science and Nutrition 등이며, 이외에도 Food Science and Biotechnology (IF 0.505), Korean Journal of Food Science and Technology에도 많은 논문들이 수록된다. 우리나라의 건강기능식품 관련 논문이 주로 개제되는 저널 6개중 4개의 저널이 해외 저널이며, 이를 통해 국내 관련 연구가 전 세계적으로도 인정받는 수준임을 알 수 있다.

[그림 45] 건강기능식품 관련 국내 최다인용 논문

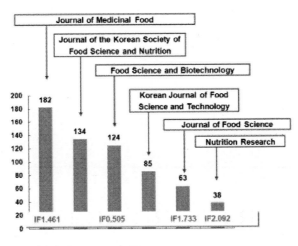

국내에서 건강기능식품 관련 논문을 가장 많이 발표한 저자는 부경대학교 김세권 교수로, 부경대학교를 비롯하여 다양한 대학교에서 건강기능식품 관련 연구를 하고 있었다.

최근에는 동국대학교 지인배 교수 논문이 건강기능식품 국제학술지 우수논문에 선정하였다.

[표 42] 건강기능식품 관련 논문 주요 국내 저자

순위	저자	소속기관	논문편수
1	Kim, S.K.	부경대학교	42
2	Kim, M.K.	한양대학교	17
3	Lee, M.K.	순천대학교	16
4	Choi, M.S.	경북대학교	16
5	Joung, H.	서울대학교	14
6	Kim, Y.J.	건국대학교	14
7	Paik, H.Y.	서울대학교	14
8	Jeong, H.S.	충북대학교	13
9	Ikeda, M.	Kyoto Industrial Health Association	13

국내 가장 많은 건강기능식품 관련 논문을 발표한 연구기관은 서울대학교로 총 246편의 논문을 발표하였으며, 논문 발표 상위 10개 기관 중 농촌진흥청과 한국식품연구원을 제외한 8개는 대학으로 우리나라 역시 대학을 중심으로 관련 연구가 이루어지고 있음을 알 수 있었다.

[표 43] 건강기능식품 관련 논문 국내 주요 기관

순위	기관명	논문편수	구분
1	서울대학교	246	대학
2	경희대학교	127	대학
3	고려대학교	123	대학
4	경북대학교	122	대학
5	농촌진흥청	109	관
6	부경대학교	96	대학
7	전남대학교	93	대학
8	강원대학교	89	대학
9	부산대학교	88	대학
10	한국식품연구원	86	연구원

우리나라의 건강기능식품 연구는 농학과 독성학, 분자생물학, 생물학, 생화학, 의학, 약리학, 유전학 분야에서 이루어지고 있었으며, 이는 세계적인 연구 동향과 유사한 양상이다. 국내 건강기능식품 관련 논문 중 가장 많이 인용된 논문은 비만 예방 관련 기전과 관련된 것으로 이 또한 해외 연구 동향과 비슷했다. 비만 외에도 당뇨병, 항산화관련 논문들이 많이 인용되었다.

다. **총평**[87)

우리나라의 건강기능식품 산업의 기술 수준을 총평해보도록 하자. 농·생명 (Agriculture & Life Science)과 관련한 기술수준은 2020년 기준으로 미국, EU, 일본, 중국, 한국 순으로, 우리나라는 기술 최우수국인 미국 대비 77.9% 수준이었다.

[표 44] 주요 국가별 농생명 기술 수준 비교

최고 기술수준 국가와의 기술 격차(단위:년)		
	2018년	2020년
미국	100	100
EU	91	92.2
일본	83.8	81.6
한국	75.2	77.9
중국	73.2	78.0

건강기능성식품과 직결된 세부 분야는 현재에도 상대적으로 높은 경쟁력을 보이는 것으로 나타났다. 특히 농생명 신소재 개발 기술, ICT 융합기술 및 고부가가치 식품 제조기술은 상대적으로 높은 기술 수준을 보유하고 있었다. 반면, 종자(seed)와 관련된 기술 수준은 매우 낮아 이 분야에 대한 지원과 전략 개발이 필요한 것으로 보인다.

<11대 분야별 기술격차(년) 변동>

11대 분야 (중점과학기술 수)	기술격차(년)									
	한국		중국		일본		EU		미국	
	'18	'20	'18	'20	'18	'20	'18	'20	'18	'20
건설·교통(11)	3.1	2.6	3.8	3.2	1.4	1.6	0.2	0.1	0.0	0.0
재난안전(4)	3.4	2.9	4.3	3.3	1.1	1.8	1.1	0.9	0.0	0.0
우주·항공·해양(7)	8.4	8.6	5.3	5.1	4.1	3.9	1.6	1.8	0.0	0.0
국방(3)	6.7	5.5	4.3	3.8	5.6	4.7	2.5	2.3	0.0	0.0
기계·제조(13)	3.4	2.8	4.2	3.1	1.2	1.4	0.0	0.0	0.1	0.2
소재·나노(5)	3.0	2.5	3.7	3.2	0.4	0.6	1.1	1.1	0.0	0.0
농림수산·식품(9)	4.0	3.2	4.3	3.6	1.8	2.1	0.1	-0.1	0.0	0.0
생명·보건의료(21)	3.5	3.1	3.7	3.0	2.2	2.4	1.2	1.1	0.0	0.0
에너지·자원(18)	4.0	3.7	3.9	3.5	1.8	1.9	0.3	0.3	0.0	0.0
환경·기상(12)	4.1	3.7	4.9	4.6	1.9	2.0	0.3	0.3	0.0	0.0
ICT·SW(17)	2.1	1.9	1.9	1.6	1.5	1.6	1.0	1.1	0.0	0.0
전체	3.8	3.3	3.8	3.3	1.9	2.0	0.7	0.7	0.0	0.0

[그림 46] 11대 분야별 기술격차(년) 변동 [88)

총평하자면, 건강기능식품 분야의 기술을 주도하는 글로벌 산업시장과 비교하였을 때 우리나라의 기술수준은 아직까지는 다소 미흡한 편이나, 국내의 인프라와 R&D 환경이 구축·개선됨에 따라 상위 국가를 충분히 따라잡을 수 있을 것으로 전망된다.

---

88) 2020년도 기술수준평가/ 국가과학기술자문회의

07

결론

7. 결론[89)]

이상으로 건강기능식품 산업 전반에 대해 살펴보았다. 여러분도 필자와 마찬가지로 질병에 대한 패러다임의 변화와 사람들의 인식 수준 향상, 그리고 빠른 고령화 등 건강기능식품 시장에 미치는 여러 긍정적인 요인들을 곰씹어 본다면 감히 건강기능식품 시장은 "블루오션"이라고 자신 있게 말할 수 있을 것이다.

건강기능식품 시장에서 주목해야 할 점은 소비자의 연령대와 성별이 폭넓어지고 있다는 점이다. 기존에는 건강기능식품의 주요 소비자로 중년 이상의 연령층이 많은 비중을 차지하고 있었으나, 면역력 증진, 건강관리, 여성건강의 이슈가 대두되면서 젊은 층과 어린이, 여성들도 건강기능식품을 찾는 경우가 늘어났다.

이렇듯 한국건강기능식품 협회에 따르면, 고령화 가속과 '셀프 메디케이션' 트렌드 확산으로 국내 건강기능식품(이하 건기식) 시장 규모가 2020년 4조9273억원에서 2.39% 성장한 2021년 5조454억원 시장 규모를 형성할 것이라고 밝혔다. 최근에는 코로나19 새 변이 바이러스인 '오미크론'이 빠르게 확산해 건강에 관한 경각심이 요구되면서 2022년에도 '건강 관리'에 투자를 아끼지 않는 소비자들은 늘어날 것으로 전망했다.

[그림 47] 국내 건강기능식품 시장 규모

---

89) 韓건강기능식품시장 2021년 2.39% 성장/ IT 조선

한국건강기능식품협회에 따르면, 2022년에 건강기능식품을 구매한 경험이 있는 국내 소비자는 82.6%로 2021년도 81.9%에서 0.7% 상승했다. 10가구 중에 8가구가 건강기능식품을 구매한 것이다.

　또한, 가구당 평균 구매액은 연간 35만 8,000원으로 전년도 33만 6,000원에 이어 약 6.5% 증가했다. 직접 구매 시장 점유율은 71.1%로, 자기 자신과 가족의 건강 관리를 위해 건강기능식품을 직접 구매하는 소비자가 다수였다.

　한국건강기능식품협회가 국내 소비자를 대상으로 한 실태조사에 따르면, 응답자들이 가장 염려하는 건강 문제로는 눈 건강(39.2%)이 1위로 꼽혔다. 눈 건강은 3년 연속 가장 염려하는 건강 문제로 나타났고 이에 대처하기 위해 건강기능식품을 섭취한다는 응답도 2020년 23.7%에서 2022년 30.3%로 꾸준히 상승하고 있다.

　소비자들이 융통성, 개인화, 편리함을 중요하게 생각하면서 소비자 스스로 건강을 챙기는 셀프 메디케이션(Self-medication) 시장이 빠르게 부상하고 있고, 업계에서도 소비자의 나이, 성별에 따라 필요한 기능성 원료를 개발하고 세분화하는 방법을 모색할 전망이다.

08

참고자료

8. 참고자료

Ⅷ. 참고자료
- <예방약학>, (사)한국약학교육협의회, 예방약학분과회, 신일북스 (2017)
- 2013 가공식품 세분 시장 현황 – 건강기능식품 시장 Market Report 농림축산식품부, 한국농수산식품유통공사
- 건강기능식품, 코로나19 트랜드로 자리잡다, 비즈니스워치, 2020.11.25.
- 2013 가공식품 세분 시장 현황 – 건강기능식품 시장 Market Report 농림축산식품부, 한국농수산식품유통공사
- 중국 기능성 식품시장, 성장 잠재력 크다 – KOTRA 해외시장뉴스, 이형직 중국 광저우무역관, 2017.01.
- 건강기능식품 시장 동향, 연구성과실용화진흥원 (S&T Market Report vol. 41 (2016.10.)
- 2013 가공식품 세분 시장 현황 – 건강기능식품 시장 Market Report 농림축산식품부, 한국농수산식품유통공사
- 건강기능식품의 기준 및 규격 고시전문, 식품의약품안전처, 2013.06.
- 건강기능식품 시장 동향, 연구성과실용화진흥원 (S&T Market Report vol. 41 (2016.10.)
- 2013 가공식품 세분 시장 현황 – 건강기능식품 시장 Market Report 농림축산식품부, 한국농수산식품유통공사
- 건강기능식품 생산실적, 식품의약품안전처, 2018.8.
- 건강기능식품의 기능성원료 인정 현황, 식품의약품안전처, 2015, 2.
- 개별인정형 기능성 원료 인정관련 개정사항, 식품의약품안전평가원, 2018.11.8.
- 홍삼, 비타민, 유산균, 알로에... 건강기능식품 Top20 집중해부 – 헬스조선, 김수진·강승미 기자, 2016.04.
- <예방약학>, (사)한국약학교육협의회, 예방약학분과회, 신일북스 (2017)
- 프로바이오틱스 5년새 매출액 170% 증가, 신제품 속속 출시, 매경헬스
- [네이버 지식백과] 페놀류 (식물학백과)
- 코엔자임 Q10, 중장년층 필수영양제라 불리는 까닭, 경기일보, 2019.04.22.
- 몸에 좋은 녹차추출물, 여드름 치료에도 효과적, 헬스조선, 2020.09.17.
- 국내 건강기능식품 시장 규모 5조…5년 새 20% 확대/ 식품저널 푸드뉴스
- 올해 건강기능식품 시장 규모 6조원 돌파…4년만에 25% ↑,스포츠조선
- 4년 만에 약 25% 성장?! 국내 건강기능식품 시장 현황과 2023 트렌드, 대웅제약

뉴스룸

- 건기식 시장규모 6조원 돌파...전년보다 8% 성장, 히트뉴스
- 2021 식품등의 생산실적, 식품의약품안전처
- 2020 수입식품 등 검사연보, 식품의약품안전처, 2020
- 건기식 생산 16.3% 증가 2조 2640억 규모…개별인정형 제품 시장 견인/ 식품음료신문
- 2021 식품 등의 생산실적 보고서, 식품의약품안전처 및 식품안전정보원
- 2021 식품등의 생산실적, 식품의약품안전처
- 식품 및 식품첨가물 생산실적, 식품의약품안전처,식품안전정보원,2020
- 바뀌는 소비 트렌드, 올해 '맞춤형 건기식 시장' 주목, 약업신문
- 2023 건강기능식품 업종 분석 리포트, 메조미디어
- 눈 건강 기능성 원료 '루테인' 건기식 5대 소재 등극…3년간 140% 신장, 식품음료신문
- 2013 가공식품 세분 시장 현황 – 건강기능식품 시장 Market Report 농림축산식품부, 한국농수산식품유통공사
- 6조 건기식시장, 온라인 판매 63%...약국 4.6% 제자리, 데일리팜
- "한번에 1포씩" 편의점서 불티나는 건기식, 매일경제, 2023.5.16.
- 건강기능식품 주요매출 동향 분석 및 전망, 한국건강기능식품협회, 2011
- 세계 건강기능식품 지역(국가)별 시장 현황, 티스토리
- 중국 기능성식품 시장, 성장률 8.7%로 세계 2위/ 식품음료신문
- 건강기능식품 시장 동향, 연구성과실용화진흥원 (S&T Market Report vol. 41 (2016.10.)
- 미국의 건강기능성 식품 최근 동향 김영찬, .홍희도, .조장원, .정신교 / 식품산업과 영양 20(1), 15 ~ 17, 2015
- 美 기능성 식품 시장동향/ 해외시장뉴스
- 미국 기능성 식품 12.1% 성장 20년래 최고/ 식품음료신문
- 건강기능식품 시장 동향, 연구성과실용화진흥원 (S&T Market Report vol. 41 (2016.10.)
- 중국 기능성 식품시장, 성장 잠재력 크다, KOTRA 해외시장뉴스 이형직 중국 광저우무역관 2017.01.
- [마켓트렌드] 중국 기능성식품 시장, 성장률 8.7%로 세계 2위/ 식품음료신문
- 건강기능식품 시장 동향, 연구성과실용화진흥원 (S&T Market Report vol. 41 (2016.10.)
- 건강기능성 식품 시장 큰 폭으로 성장 중 (농림축산식품부 보도자료/2017.5.1.)
- 일본은 지금 '기능성 식품'시대!, 밥상머리뉴스 이시호 기자, 2017.04.
- 일본 기능성식품 시장의 동향 ~ 건강 부가가치가 新 조류 ~ 한국농수산식품유통공사 오사카지사 자체기획단신 11호(2016. 3. 30)

- 일본 건강식품 시장동향 ~ 대일 한국산 건강식품 수출확대방안 ~ 한국농수산식품 유통공사 오사카지사 자체기획단신 22호(2016.9.27.)
- 일본, 건강식품시장 멈추지 않는 성장세/ 리얼푸드
- 일본 건강보조식품 시장동향,kotra해외시장뉴스, 2019.09.11
- 베트남, 기능성 식품시장 성장세 지속, 농수산식품유통공사 2013.11
- 베트남 건강기능식품 수출 가이드, 식품의약품안전처 2014.12
- 베트남 건강기능식품 시장동향, kotra, 2020.09.03
- 2019 베트남 건강기능식품시장 유통채널 트렌드, 농식품수출정보, 2019.05.27
- [글로벌 트렌드] 급성장하는 베트남 건강기능식품 시장...트렌드는, 푸드투데이,2019.05.29
- 베트남 유산균 제품 시장 높은 성장세, kotra해외시장뉴스,2023.01.10
- 베트남 유산균 건강기능식품 시장 동향, 농식품수출정보
- 베트남에 부는 뉴노멀 바람... 전자상거래 시장 활성화/ 무역경제신문
- 2013 가공식품 세분 시장 현황 – 건강기능식품 시장 Market Report 농림축산식품부, 한국농수산식품유통공사
- '15년 건강기능식품 생산실적 1.8조원, 지난 해 대비 12% 증가 – 면역기능 개선 제품, 비타민 제품 성장세 – 식품의약품안전처 보도자료. 2016.08.
- 건강기능식품 시장 동향, 연구성과실용화진흥원 (S&T Market Report vol. 41 (2016.10.)
- 정관장 홍삼정 에브리타임, 누적 판매수량 2억포 돌파, 뉴데일리경제, 2020.02.19
- 이베스트證 "CJ제일제당, 여전히 업황 저점 통과 중…목표가↓", 뉴시스
- CJ웰케어, 디지털 헬스케어 기업 블루앤트와 MOU 체결, 뉴시스
- GNC/ 네이버 나무위키
- 건강기능식품의 대중화, 상표출원 폭증, 특허청, 2022.07.04
- 생명공학정책연구센터, 기술동향 2012
- 2020년도 기술수준평가/ 국가과학기술자문회의
- 韓건강기능식품시장 2021년 2.39% 성장/ IT 조선

초판 1쇄 인쇄 2017년 8월 29일
초판 1쇄 발행 2017년 9월 4일
개정판 발행 2019년 5월 3일
개정2판 발행 2021년 1월 25일
개정3판 발행 2022년 6월 15일
개정4판 발행 2023년 7월 24일

편저 ㈜비피기술거래
펴낸곳 비티타임즈
발행자번호 959406
주소 전북 전주시 서신동 832번지 4층
대표전화 063 277 3557
팩스 063 277 3558
이메일 bpj3558@naver.com
ISBN 979-11-6345-461-8 (93590)

가격 66,000
이 도서의 국립중앙도서관 출판예정도서목록(CIP)은 서지정보유통지원시스템 홈페이지(http://seoji.nl.go.kr)와국가자료공동목록시스템 (http://www.nl.go.kr/kolisnet)에서 이용하실 수 있습니다.